写真で見る
客車の90年 # 日本の客車

日本の客車編さん委員会

鉄 道 図 書 刊 行 会

常磐線で蒸気機関車に引かれて川尻―小木津間をゆく下り特急「はつかり」　　35年11月

東海道線の電化完成からグリーン色（青大将と呼ばれた）となった特急「つばめ」　山科付近

はじめに

　鉄道の近代化がすすめられるのにつれて，旅客車というものの中心が，従来の機関車にけん引される客車から，動力を有する電車・気動車に移るようになってきた．電車・気動車は毎年相当数の増備が行なわれるが，これにひきかえ客車の新製は原則として打ち切られ，新しい形式の客車もこれまでの客車から改造でつくられるようになった．鉄道創始以来90年近くつづいてきた客車の進歩は，いまや後進の旅客車である電車・気動車に引き継がれる情勢を迎えたといえる．

　このときにあたって，旅客車の先輩である客車の歴史をふりかえり，その輝やかしい発展のあとを写真により，目で見る記録としてまとめたいとの念願から，客車に深い関心をもつ有志によって，この写真集「日本の客車」の編さんが計画された．

　日本の客車の歴史は大きくみて「国有以前の客車」「基本形として統一された木製客車」「鋼製客車」「木製車からの鋼体化客車」「軽量客車」「固定編成客車」が，そのキーポイントである．本書の編さんにあたっては，これらの変革期を中心として，それぞれの特徴を残すために，つとめてその客車の誕生当時の写真を集録することにより，客車発達の過程と共にその時代に適応させられた客車事情なども看取できるように留意した．

　ここにおさめた写真は，主として国鉄の車両設計事務所や交通博物館，または鉄道工場に保管されていたものと，編さん委員会同人の撮影または所蔵のものであるが，さらに宮松金次郎・中村夗雄・高松吉太郎・瀬古龍雄・島崎英一・宮本政幸・小熊米雄・谷口良忠・西尾克三郎・湯口徹の各氏ほか廿余氏から貴重な秘蔵写真または資料のご提供を得たほか，高田隆雄・朝倉圀臣・黒岩保美・田辺幸夫の諸氏のお世話により，内容を一層豊富にすることができたことは非常な喜びであり，また略史のまとめにあたっては「鉄道技術発達史」のうちの小坂狷二氏が記述された部分に負うところが多い．これらの方々の御厚意と御協力に対して編さん委員一同深く感謝するしだいである．

　　1961年12月

　　　　　　　　　「日本の客車」編さん委員会

　　　　　　　星　　　　　晃（日本国有鉄道）
　　　　　　　卯之木　十　三（　〃　）
　　　　　　　中　川　浩　一（鉄道友の会）
　　　　　　　江　本　広　一（　〃　）
　　　　　　　古　山　善之助（　〃　）
　　　　　　　佐　竹　保　雄（　〃　）
　　　　　　　田　中　隆　三（鉄道図書刊行会）

写真と解説について

1. 写真配列の基準は，国有以前のものについては，官設鉄道・私設鉄道の順とし，それぞれの内部においてはなるべく出現年代に従うようにした．
2. 私設鉄道については，設立事情が半官半民的色彩のあるものを最初とし，以後は規模を考えて配列した．なお，鉄道国有法の対象とならなかった鉄道は最後に配列した．掲載した写真は当時の私設鉄道のすべてにわたるものではない．集録されなかった鉄道は資料の不足によるものである．
3. 対象とした客車は明治5（1872）年開業以来，昭和36（1961）年10月現在まで，国鉄・地方鉄道に籍を残した車両の中で，それぞれの時代を代表する車両である．軌間は，1,067 mmに限定し，いわゆる軽便鉄道（軌間1,067 mm以下）用は除外した．また電車によってけん引されることを原則とする客車（制御用配線を持たぬ）も除いてある．
4. 写真説明は，それぞれの形式について行なうことを原則とした．とくに番号を示す必要がある場合には＊をつけて区別した．
5. 形式は国有以前のものについては，それぞれの鉄道のものを原則として用い，やむをえないばあいには，国有後に定められたものを用い必要なばあいには〔 〕に制定した年を入れて区別した．
6. 国鉄の木製車ならびに戦前の鋼製車については，昭和3年に制定した形式を用いた．やむを得ないばあいは5．に定めた基準に従っている．なお，戦前の鋼製車については参考のために昭和15年に制定した形式を〔 〕内に併記した．
7. 戦時中以後に出現した形式については，出現当初のものを使用した．従って，中には（とくに3軸ボギー車）現行のものとは異った形式がつけられているばあいがある．
8. 製造所は，写真説明の際には原則として略称を使用した．従って会社名または事業所名と相違するものが存在する．なお国鉄の工場（工機部）については，現存するものはすべて「工場（工機部）」の文字を省略した．

    なお，略称を会社名と対照させると次の通りである．

    日 車＝日本車輌製造株式会社　日 支＝日本車輌製造株式会社東京支店　汽 車＝汽車製造株式（合資）会社　汽 東＝汽車製造株式会社東京製作所（支店）　日 立＝株式会社日立製作所笠戸工場　川 船＝株式会社川崎造船所兵庫（分）工場　川 車＝川崎車輌株式会社　田 中＝田中車輌株式会社（工場）　近 車＝近畿車輌株式会社　梅 鉢＝梅鉢鉄工所（工場）　帝 車＝帝国車輌工業株式会社　新 潟＝株式会社新潟鉄工所　藤永田＝株式会社藤永田造船所　大阪鉄工＝株式会社大阪鉄工所　東 急＝東急車輌製造株式会社　宇都宮＝富士重工業株式会社宇都宮製作所　富士＝富士車輌株式会社　輸送機＝輸送機工業株式会社　飯野＝飯野重工業株式会社　立山重工＝立山重工業株式会社

9. 写真説明中で〔 〕内数字は参照写真番号を示したものである．
10. 本書の写真は巻末に記載の官公社および諸氏と編者らの撮影または所蔵によった．とくに官設鉄道の明治30年以前のものの多くは小川一真の撮影による日本鉄道紀要（栗塚又郎著）によっている．

目 次

表紙カバー　東海道本線特急「はやぶさ」
見返し版画「御料車10・11号」
口絵（原色）　東北本線客車特急「はつかり」
　　　　　　　東海道本線客車特急「つばめ」

はじめに

国有以前の客車

　官 設 鉄 道〔1～34〕…………………… 1
　北海道官設鉄道〔35～38〕………………16
　　開拓使幌内鉄道〔39～41〕……………18
　私 設 鉄 道〔42～84〕……………………19
　　日 本 鉄 道……………………………19
　　北海道炭鉱鉄道…………………………22
　　山 陽 鉄 道……………………………24
　　九 州 鉄 道……………………………28
　　関 西 鉄 道……………………………30
　　参 宮 鉄 道……………………………32
　　阪鶴鉄道・北越鉄道……………………34
　　北 海 道 鉄 道…………………………35
　　横 浜 鉄 道……………………………36
　　南 海 鉄 道……………………………37
　　川 越 鉄 道……………………………38
　　東 武 鉄 道……………………………39
　鉄道院所有車両〔85・86〕………………40
　逓信省所有車両〔87・88〕………………41

明治・大正時代の列車〔89～94〕………42

木製客車基本形の確立と発展

　過渡期の車両〔95～98〕…………………44
　中形客車の時代〔99～129〕……………46
　大形台ワク・長軸台車の採用〔130～136〕……60
　大形客車の時代〔137～163〕……………64
　魚腹形台ワク付木製客車〔164～171〕………76
　木製客車の末路〔172～177〕……………80
　地方鉄道の木製客車〔178～187〕………82

　皇 室 用 客 車〔188～212〕………………86
　暖　房　車〔213～220〕…………………98

鋼製客車の誕生と発展

　最初の鋼製客車〔221～237〕…………102
　長形客車の誕生〔238～271〕…………110
　丸屋根の採用〔272～308〕……………125
　広窓の採用〔309～329〕………………142
　地方鉄道の鋼製客車〔330～335〕……152
　戦時中および戦後の混乱期の客車〔336～366〕154
　駐留軍用客車〔367～381〕……………166
　戦後の新製客車〔382～423〕…………172
　戦後の改造客車〔424～459〕…………192
　地方鉄道の新製および改造客車〔460～465〕208

鋼体化改造客車〔466～489〕……………210
　地方鉄道の鋼体化改造客車〔490～498〕………222

軽 量 客 車〔499～520〕…………………226
　戦後の客車特急〔521～522〕…………236

近代化改造客車〔523～565〕……………237

固定編成客車〔566～591〕………………254

日本の客車90年略史……………………265

写真資料提供者一覧

国有以前の客車

官設鉄道〔明治5（1872）年—明治40（1907）年〕

官設鉄道の工事は，明治4（1871）年，イギリス人エドモンド・モレルによって，新橋（東京）・横浜間と，大阪・神戸間でおこされ，敷設方式・使用車両はすべてイギリスの鉄道を範にとっていた．機関車の場合にはその後も長い間輸入品が用いられたが，客車の場合には早くから国産化が図られ，台ワク・台車などはなお輸入品に依存することが多かったが，まず車体の製造に手がつけられ，次第に国産部分を拡大し，30年代には鉄材などの基本材料を除けば直轄工場による客車製造の体系が完成するに至った．

鉄道作業局の場合には，車両の形態は20年代までは完全にイギリス風であったが，30年代に入ると，アメリカ合衆国の影響が強くなり，二重屋根・開放式出入台をもつ車両が出現し，これが鉄道院標準型車両の形態決定に大きな影響をあたえている．

官設鉄道を考える場合には，とかく見落されがちであるが，開拓使によって建設された幌内鉄道と，当初は北海道庁によって管理運営された北海道官設鉄道の存在を忘れてはならない．前者は後に北海道炭鉱鉄道に払下げられてその一営業線となったが，わが国の車両技術史上にアメリカ合衆国の方式を初めて紹介し，北海道の車両発達史の方向を決定づける重大な役割りを果している．

創業期の客車

明5（1872）年の鉄道開業時に使用された客車は総数58両，すべてイギリス製で，全長15フィート（約4.6m），軸距8フィート（約2.4m），自重約4トンの小型車であった．下等車は内部を3つの区分室にわけ，一室に10人を収容したが，側出入口の扉は係員が車外から操作して開閉し乗客による取扱いは許されなかった．

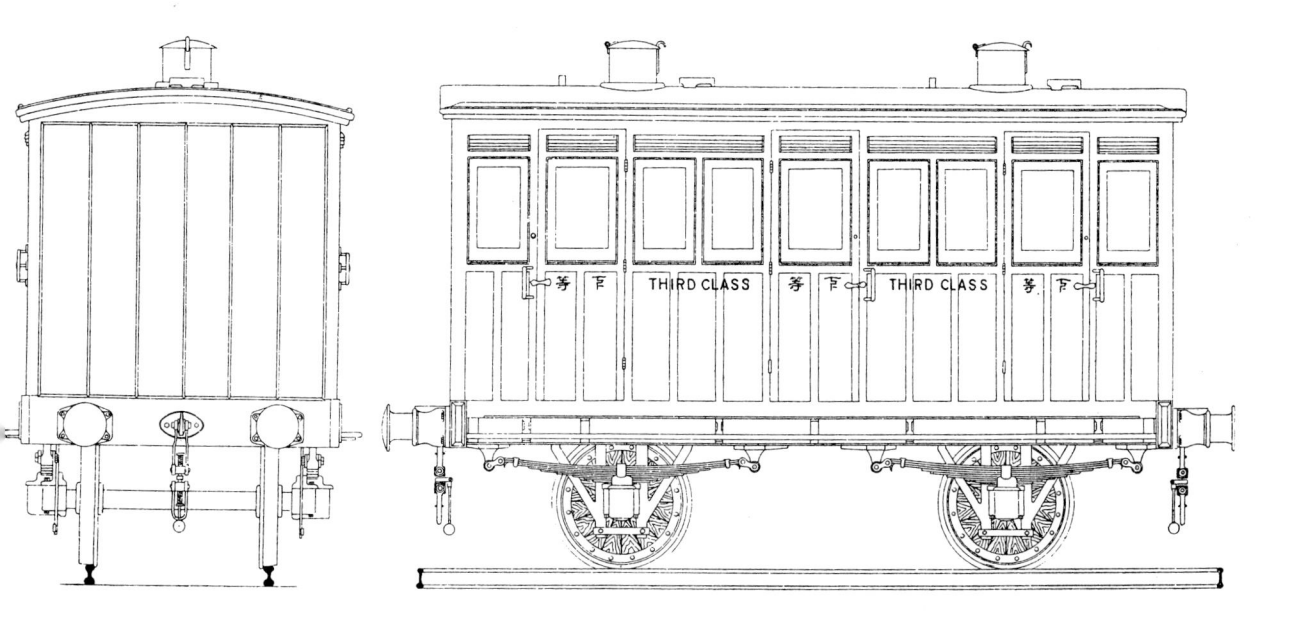

1

下等郵便合造車　創業時に使用された客車の一つで．イギリス製である．全長約4.6m，自重4tあまり，マンセルホイールと称する鉄と木材とを組合せた車輪が使用されていた．

創業期の列車　阪神間運転中のものである．阪神間で使用された客車は，ホームが低かったために京浜間で使用されたものとちがい軸箱の高さのところにステップが付けられている．

上 等 車

鉄道作業局の単車の多くは非貫通式であったが，上等車・中等車の中の数形式は，両端に昇降台をもうけた貫通式の構造となっていた．

4

明27（1894）年新橋工場製．内部は中央に便所を2つ設け，それぞれ上等用・中等用としている．非貫通式であるため妻板部にも腰掛が設けられていた．

上等・中等合造車

5

ニ 28 *

〔5〕の形式に属する車両の明治30年代の外観で，20年代に使用されていたひらがなによる記号に変って，カタカナが使われたほか，等級によって異なった色の帯が使用されていた．

6

3

中 等 車

〔4〕の形式に属する車両であるが，便所は設けられてない

7

ロ 628 〔明44制定〕

明21〜23（1888〜90）年にかけて新橋工場で製造された非貫通式構造の中等車の晩年の状態である．

8

中等・下等合造車

側面に設けられた4カ所の出入口のうち，左から2つ目が中等用で，他はすべて下等用．下等室の定員は30人であるが，中央よりに中等室があるため分断されている．

9

下等車

側面に5カ所の出入口があり，5人分の腰掛が通路をはさんで向いあわせになっている構造がこの時代の下等車の代表的な形態であった．鉄道国有後，ハ1005という形式にまとめられたが，この形式には日本・山陽・九州・関西・甲武・京都・七尾の各鉄道の同系車が含まれている．

10

手荷物緩急車

側面中央の突出したところに手ブレーキがあり，車掌が線路を見ながらブレーキを扱えるようになっていた．

11

下等緩急車

左端が車掌室で，妻の突出部には手ブレーキが取付けられている．原形は〔10〕のよう非貫通式で区分室形であった．

12

下等手荷物合造車　　両端に手荷物室があり，中央寄に２区画20人分の下等室をおく〔9〕と　　　13
　　　　　　　　　　　同じ構想で製造された車両である．

　　　　　　　　　　　明35（1902）年新橋工場製で，作業局時代にはハブ77形と
ハニ3556〔明44制定〕　称した．区分室形客車の室内構造に注意されたい．　　　　　　　14

郵便車

創業期に製造された小型車でマンセルホイールを使用し，30年代の形式はユセ1といったが，国有時にはすでにすがたを消していた．

15

下等郵便合造車

車室の構造は3区画30人分の腰掛を有する下等室と郵便室とを組合せたものであるが，屋根の構造が他の形式と異っている．

16

手荷物緩急車

製造当初から手荷物緩急車で，荷扱手のために，ランプを使用する照明設備を設けている点が貨車とは異なる．

17

コハ 6500
〔明44制定〕

わが国最初のボギー車．明8（1875）年に2両，同10（1877）年に8両イギリスから輸入された．下等用の単車をそのまま引き伸ばしたもので，側面に10カ所の出入口のある非貫通式の構造である．

18

工部省鉄道局では，東海道線の全通を控えて明21（1888）年以降ボギー車を増備したが，明21・22年にイギリスから購入した上・中等合造車，下等車では従来の区分室を改め，中央に便所をおき，その両側に客室を配置し，4カ所に出入口を設けていた．

下　等　車

19

下等手荷物合造車　中央部に手荷物室をおき，その両側におのおの4つの区分室を設けたもので，〔18〕とともにボギー車としては，最も古い時代に使用されたものである． 20

ホロヘ 6080
〔明44制定〕
明30（1897）年新橋工場製．最初は1・2等合造車であったが大正の初めごろ病客車に改造された．両数2．昭3（1928）年改番ではホロヘ6500となった． 21

ネボ 1

明33（1900）年10月1日から新橋・神戸間の急行列車用に使用する目的でイギリスから2両購入された．寝台4つで1区画となる区分室が5室あり，また全車を貫通する側廊下が取付けられている．同時にアメリカ合衆国からも2両の寝台車が購入されている．両国製とも車内構造には大差がなかった．

ネボ 1 内部

1等ボギー車内部

明治から大正中期までの1・2等車の腰掛は，貫通式・非貫通式のいずれの場合でもほとんど長手式であった．3等室の内部は粗末であったが，1等室では壁紙をはり，敷物を敷き，彫刻を施こすなど，格段の開きがあった．

24

2等ボギー車内部

明30（1897）年製で，中央に便所を設け，長手・横型の両腰掛を併用した珍らしい構造である．

25

食堂車内部

作業局で食堂車の使用を始めたのは，明34（1901）年12月1日からであるが，けん引定数の関係から国府津・沼津間，馬場（現在の大津）・京都間の急こう配区間では連結しない列車もあった．

26

ホユニ 5050
〔昭3制定〕

〔19〕の系統に属する3等車を郵便・荷物合造車に改造したもの．側面に出入口を新設しているが，往時の面影はかなりよく残っている．

ホハニ 4050
〔昭3制定〕

明30（1897）年から約10年間にわたって，作業局各工場で製造されたボギー車では，車室の構造が貫通式となっていた．この系統の車両は両数が多く，そのため原形も改造後の車種も種々様々であった．

ホハユ 3450
〔昭3制定〕

明36（1909）年神戸工場製．当初は3等手荷物緩急車（ハブボ）であった．これまで用いられてきた二重屋根から一転して浅い丸屋根となり，腰板も小割り板となって外観はずっと近代的になっている．

29

オブロ 1

明39（1906）年に東海道線の最急行・急行列車などに用いる目的で作られた3軸ボギー車．明44年にオロフ9370となったが，晩年は3等緩急車として使用されていた．

30

スニ 9780
〔昭3制定〕

明39（1906）年新橋工場で寝台車（オネ）として誕生し，オイラン形と俗称されたもの．明44年にオネ9035となったが，大正時代にすでに荷物車に改造され，優等車の運命の転変のはげしさを示している．

31

オロハ 8230
〔昭3制定〕

明39（1906）年新橋工場製．当初は1等車（オイ）であったが大正年間の改造でナロハ9415となった．車内構造はオイラン形〔30・31〕と同じであるが，外形は従来からの2軸ボギー車〔28〕と同じ系列である．

32

ヤ 9000
〔昭3制定〕

わが国では，3軸客車は両数がはなはだ少なく，会社時代には関西鉄道に3等手荷物合造車が2両，参宮鉄道に手荷物車が4両あったのと，関西鉄道引継ぎの材料を使用して，明44（1911）年に鉄道院神戸工場で2等車2両，3等車5両を製造しただけである．鉄道院製造の車はハ4850となったが，大正時代にハ4850*は試験車に改造された．この車はケン3をへて，ヤ9000となり，戦後も長らく大井工場に放置されていた．

33

ヤ9000下回り

担バネがたがいに釣合バリで結ばれ，2軸車とは構造上で著しく異なっている．左側にみえる小車輪は試験車に改造後に取り付けられたもの．

34

15

北海道官設鉄道 〔明治31 (1898) 年—明治39 (1906年)〕

空知太・旭川間の工事を皮切りに,明29 (1896) 年以降着工された北海道官設鉄道は,同31年に開業の運びとなったが,性格は植民鉄道で速成を旨としたため,軽量で簡易な構造の車両が多く使用されていた.また全く取扱法の異なる連結器を併用していたのも,この鉄道の大きな特色であった.

ほ 1

明31 (1898) 年に北海道庁鉄道部月島仮設工場が製造した2等車 (手ブレーキ付).幕板に取り付けられた行先札と連結器に注意されたい.

35

3 等緩急車

上川線の開業に際し,鉄道作業局から借入れたもの.左端に車掌室が設けられ,〝車長〟と標記されているのがうかがわれる.

36

は 1 *　明32（1899）年に，北海道鉄道部旭川工場が組立てた3等ボギー車（手ブレーキ付）．中央に便所を設け，3等室の出入台寄りにはそれぞれ暖炉が設けられている．国有後はフホハ7905となった． 37

とちる 1 *　明31(1898)年に北海道庁鉄道部札幌仮工場製造の有ガイ貨車を改造した郵便・手荷物合造緩急車．後年再び貨車に類別されたものと考えられる． 38

開拓使幌内鉄道 〔明治13（1880）年―明治15（1882）年〕

開 拓 使   39

明13（1880）年，幌内鉄道の開業に当たり，合衆国ホリングスワース社から購入された8両の客車の中の1両．最上等車で，かつ開拓使の乗用に供された．形態は当時の合衆国内のものと変りない．その後の保存も良好で交通博物館に収められ，昭36年には鉄道記念物に指定された．

開拓使内部   40

製造以来すでに80年を経過しており，同じく交通博物館に収められている初代1号御料車〔188〕とともに現存する最古の客車である．優等車ではあるが，客車の構造の変遷を知るための貴重な資料といえる．

開拓使内部   41

中央寄に小卓と鏡を備え，通路をはさんで配置された横型腰掛は転換式である．窓は上昇式であり，空気ブレーキ装置を備えるなど，当時の最新式車両であった．

私 設 鉄 道

　わが国では今日でこそ，国有鉄道と私設鉄道（地方鉄道・軌道・専用鉄道）の間には，線路延長・所有車両数をはじめ，各方面で大きな差がついてしまったが，明治39（1906）年に鉄道国有法が施行されるまでは，官設鉄道と覇を競う大規模な私設鉄道が存在した．

　中でも日本鉄道と山陽鉄道は，今日の鉄道の大動脈である東北本線・山陽本線の前身であるばかりでなく，車両製造技術のうえでも次々と新しい面を開いていた．

　今日，客車列車の特色に数えられている寝台車・食堂車をわが国で始めて採用したのが山陽鉄道であることは特筆すべきことがらである．

　また，関西鉄道は，官設鉄道東海道線と競争線の性格を備え，はげしい旅客争奪戦を展開し，九州鉄道は九州一円の鉄道網を掌中に収めるなど，それぞれ華々しい活躍を示していた．

　このような状況にあって，大私設鉄道はそれぞれ独自の工夫をこらし，新式の車両を製造することに努めたのである．

日 本 鉄 道 〔明治16（1883）年—明治39（1906）年〕

　わが国最初の私設鉄道会社である日本鉄道では，当初は鉄道作業局（官設鉄道）の工場で製造された客車を使用したが，明治30年代には，自社の工場で製造した車両を使用するようになった．

日本鉄道の単車群　　　　　　　　　　　　　　　　42

ホエ 7074 *
〔昭29年制定〕

明23（1890）年に鉄道作業局新橋工場で製造された．鉄道作業局の同時期のボギー車と同一の構造〔19〕である．写真は晩年の姿でいちじるしく改造されているが，会社時代にはいろ3（1・2等車）と称していた．

43

は 363 *

明32（1899）年，日本鉄道大宮工場製の3等車．車長は18mをこえ，特色ある魚腹台ワクと台車はイギリスからの輸入品．国有後は中型客車ににた二重屋根となり，出入台も扉付に改造され，形態は一変した．

44

ホハ 2213 *

明36（1903）年に日本鉄道大宮工場で製造．会社時代は，いろ61（1等寝台2等車）と称した．切妻形魚腹台ワク付の特徴ある形態で，同系車の中にはナハ10〔509〕のように便所を出入台より車端側に設けたものもある．

45

ホハフ 2850

明42（1909）年に大宮で製造．国有後の製造であるが，官設鉄道系の丸屋根型ボギー車〔29・30〕と比較すると基本的な構造が日本鉄道の様式によっていることが判る．当初から3等緩急車であった．

46

ナユニ 9400

車体構造は同時に製造された2軸ボギー車〔43〕と同一であるが，竣功当時が1等寝台2等車（いろ67）であったため3軸ボギーが用いられている．

47

21

北海道炭鉱鉄道 〔明治22（1889）年—明治39（1906）年〕

幌内鉄道は，開拓使の廃止後は二度にわたる管理換えをへて，明22（1889）年に至り，北海道炭鉱鉄道への払下げが決定した．この間に使用された客車はいずれも幌内鉄道の様式をそのまま採用したが，この方式は同鉄道の国有までさしたる変化を示さなかった．

にさ 37 *　　北海道炭鉱鉄道手宮工場製の2・3等車．2等室部分が二重屋根，3等室部分が丸屋根という珍しい構造で，車体構造の基本は開拓使〔39〕と同じであるが，内部は簡易化されている．　　48

樺太庁鉄道フコロハ 236 *　　明29（1896）年，北海道炭鉱鉄道手宮工場製，にさ37〔48〕と同じく，製造時から2・3等車であった．国有後はフコロハ5975であった．　　49

樺太庁鉄道 フコロハ 212 *　　北海道炭鉱鉄道では幌内鉄道の様式そのままに，1・2等車に二重屋根，3等車に丸屋根を採用した．これらの車両はともに軽量・小型で，台ワクは木製，台車にも木材を使用する軽便な構造であった．　　50

樺太庁鉄道 フコハ 284 *　　他の客車に比して構造の相違が，いちじるしいから，炭鉱鉄道系の客車は大正年間にいち早く処分されたが，樺太庁鉄道に移管されたものは，その後も引続いて使用されていた．　　51

山 陽 鉄 道 〔明治 21（1888）年―明治 39（1906）年〕

開業当初より瀬戸内海航路の汽船との競争になやんだ山陽鉄道は，旅客サービスの向上と運転速度の上昇を最大の武器としてこれに対抗した．ボギー車を早くから採用したのもその具体策のあらわれであるが，路盤がぜい弱なため〝命がおしければ山陽の急行にはのるな〟とかげ口されることもあったといわれている．

大分交通ホハ 5 ＊　　路盤構造が簡略なのに，高速運転を目標としたため山陽鉄道のボギー車は早くから3軸ボギーを採用したから，2軸ボギー車でしかも現存するこの車両は極めて珍らしい事例である．

52

寝台車内部

山陽鉄道では，明33(1900)年4月8日から寝台車の使用を開始したが，これは日本最初の試みである．寝室には上下2段式寝台（20人分）を備え，喫煙室・便所・洗面所をおき，扇風機を取付けるなど，旅客サービスには意をつくした．国有後はイネシ9070となり引続いて使用された．

53

909号1等室内部 山陽鉄道では，客車・貨車の番号を同一の系統中におさめ，車種を示す記号を用いず，しかも通し番号を付した．909号は3軸ボギーの1・2等車である． 54

食堂車内部 食堂車を始めて運転したのも山陽鉄道である．営業開始は明32（1899）年5月で，鉄道作業局での採用に先だつこと2年6カ月であった． 55

25

ホハフ 8805 *　　明37（1904）年に山陽鉄道兵庫工場で製造された3等緩　　56
　　　　　　　　　　急車の1両．原番号は1950，短いオーバーハング，窓柱
　　　　　　　　　　部分から一体に張上げられた幕板・屋根の形などに山陽
　　　　　　　　　　鉄道の客車の特色を示している．

　　　　　　　　　　明31（1898）年製の3等車．3軸ボギー車ではあるが，
　　　　　　　　　　時代の先端をいった優等車に比して内部構造は粗末すぎ
901号内部　　　　るように感じられる．　　　　　　　　　　　　　　57

ナニ 9 5 2 0 *　　　会社時代の優等車も標準型の優等車の出現によって，格　　58
　　　　　　　　　　下げされ，改造の対象となった．写真の車は2等寝台車
　　　　　　　　　　として竣功後，2等車をへて荷物車となるという変遷を
　　　　　　　　　　たどったもの．

　　　　　　　　　　讃岐鉄道が大阪福岡工場に発注した特別車．中央に貴賓
　　　　　　　　　　室をおき，その両側に14人分の長手腰掛を配した次室が
貴　賓　車　　　　　配置されている．山陽鉄道に引継後は2336号となり，国
　　　　　　　　　　有後も特別車（トク20*）として使用された．　　　　　59

九 州 鉄 道 〔明治 22（1889）年—明治 40（1907）年〕

　九州鉄道は，官設鉄道と日本鉄道がイギリス流，山陽鉄道が合衆国流の車両製造技術を取り入れたのに対し，建設当時からドイツ流であり，客車の場合には，バンデル・チーベン社の技術が採用されていた．

コハ 2350　　　九州鉄道がボギー車を採用したのは，明32（1899）年で，他の大私鉄に比して立ちおくれていた．しかし，車体・台車は合理主義に徹した設計である．写真の車は当初から3等である．　　　60

　　　　　　　車端部で上段を切落した二重屋根と，開放式出入台・ツリアイバリに合せて中央部を張り出した台車の側バリが九州鉄道のボギー車の特色である．写真は大正時代に郵便室付に改造されているが，外観はなお会社時
ホハユ 3300　　代の特色をとどめている．　　　61

3等車内部　　国有以前の3等車の設備は，優等車に比して各社ともいちじるしく見劣りする．九州鉄道では3等車には転換式とはいえ，巾のせまい背ズリとたたみ表を張った腰掛が使用されていた．

62

オヤ　9970

九州鉄道ではその末期に豪華な急行列車を運転する計画をたて，展望車・寝台車・1等車・2等車および食堂車からなる編成客車を合衆国のブリル社に発注した．しかし，これが到着時には同鉄道は国有化されていたため，せっかくの豪華客車も所期の目的に使用されずに終った．写真の車は元食堂車であった．

63

関 西 鉄 道 〔明治 22（1889）年—明治 40（1907）年〕

関西鉄道でボギー車を初めて採用したのは明治30年代に入ってからで，しかも初期の車両は鉄道作業局の20年代のボギー車ににた非貫通式であった．しかし，間もなく自社の技術を確立し，国有直前まで独特の形態を有する2軸ボギー車の製造が自社工場において続けられた．

７０＊　　形態は貨車に類似しているが，実際には旅客列車用の車掌室付荷物車であり，国有後も客車（≒4402＊）として取り扱われた．　　64

２２１＊　　俗に関西小ボギーと称され，同型車は明31（1898）年以来，関西鉄道四日市工場で製造された．長いオーバーハングと両端を切り落した屋根の形に特色がある．国有後の形式称号は，ホハ6690．昭3（1928）年の改番ではホハ2250となった．　　65

221 ＊

明り窓をいち早く採用し，天井の構造を簡略化するなど車両設備の改良に意を用いているが，長いオーバーハングが与える不安定感もまた否定できない

66

221 ＊ 内部

通路を一方の車側に寄せた構造も関西鉄道の3等車の特色の一つであるが，国有後は中央に通路をおく平凡な横型腰掛付に改造された．

67

ホハ 2300

明40（1907）年以降に製造され，関西大ボギーといわれたもの．オーバーハングは短くなり，屋根が丸屋根となったほか，幕板にはくり形の装飾がある．原形では中央にも出入口が設けられていた．

68

参 宮 鉄 道 〔明治26（1893）年―明治40（1907）年〕

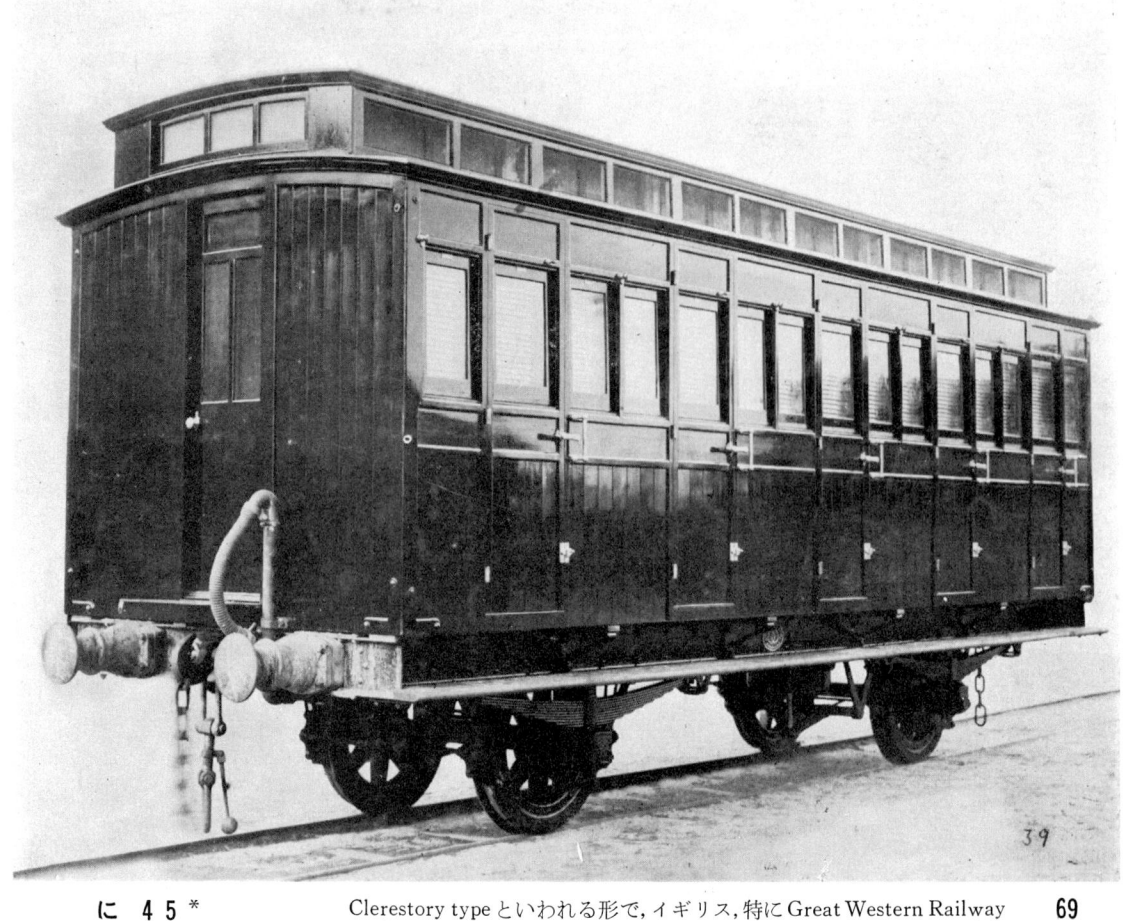

に 4 5 *　　Clerestory typeといわれる形で，イギリス，特にGreat Western Railway　69
　　　　　　で愛用された形態であるが，わが国では参宮鉄道と関西鉄道に少数存在
　　　　　　したのみ．国有後はハ2353である．

わ 1 　　　　国有直前の明40（1907）年4・5月に汽車で，各1両製造された2・3　70
　　　　　　等車で国有後はホロハ5770となった．形態的には関西鉄道系である．

に　５８*　　明40（1907）年4月汽車で製造された，5両の3等車（に55〜59）の中
　　　　　　の1両，国有後はホハ6730となった．

　　　　　　天井の構造が実用本位となったほか，長手・横型腰掛を併用し，床面積
　　　　　　を最大限に利用した点に特色がある．中央に便所が設けられているが，
　　　　　　構造的には鉄道作業局の明20年代のボギー車〔19〕と異なった構想と使
に　58*内部　　用法によっている．

阪 鶴 鉄 道 〔明治 30（1897）年―明治 40（1907）年〕

ホハユ 3023*　明33（1900）年大阪福岡工場製の2・3等車．竣功時には窓柱と幕板に装飾を施されていたが，全体的に模ほう臭が強い．国有後ホイロ5313*となったが，まもなく2・3等をへて3等郵便車に格下げされた．　73

北 越 鉄 道 〔明治 30（1897）年―明治 40（1907）年〕

は 13*　北越鉄道は開業に際し，客貨車をすべて新潟鉄工場に発注したが，これは同社が最初に製造した鉄道車両である．区分室型の多かった時代に進んで貫通式の構造を採用した点に設計者の意欲がうかがわれる．　74

北海道鉄道 〔明治35（1902）年―明治40年〕

日鉄鉱業赤谷専用鉄道
ハブ　3　*

明36（1903）年の製造であるが，他社の単車に比べて形態上では進歩の跡がいちじるしい．妻板まで延長されてゆるやかな曲線をえがく二重屋根は，国有後の標準型の先駆を思わせる．

75

ホハ　2400

明37（1904）年，東京車輌製造所製の3等車．国有後はフホハ7990となる．寒冷地で使用するため出入台・貫通路に扉をつけ，防寒に意をくばっている点が，曲線をえがいて出入台上端に張り出している幕板とともに外観上のいちじるしい特色である．

76

横 浜 鉄 道 〔明治41（1908）年―大正6（1917）年〕

この鉄道が買収されたのは，大正6（1917）年のことであるが，明治43（1910）年以降鉄道院に一切の物件を貸渡す契約が結ばれている．車両もすべて籍を鉄道院に移したから，会社独自の形態を保っていたのは，比較的短期間であった．大正6（1917）年に標準軌間改築試験線となり，オヤ6650が活躍したのもこの線区である．

ナハユニ 3610 　　明41（1908）年日車で，6両（ホハ1～6）製造されたが，国有後にはホハ7880となり，さらに車体を大改造し，3等郵便荷物車となった． 　　77

ホエ 7009 *
〔昭29制定〕
　　明41（1908）年に日車で製造されたが，竣功時は2・3等車であった．数度の車種変更に伴う改造にもかかわらず，比較的よく原形が保たれている． 　　78

南 海 鉄 道 〔現南海電気鉄道〕

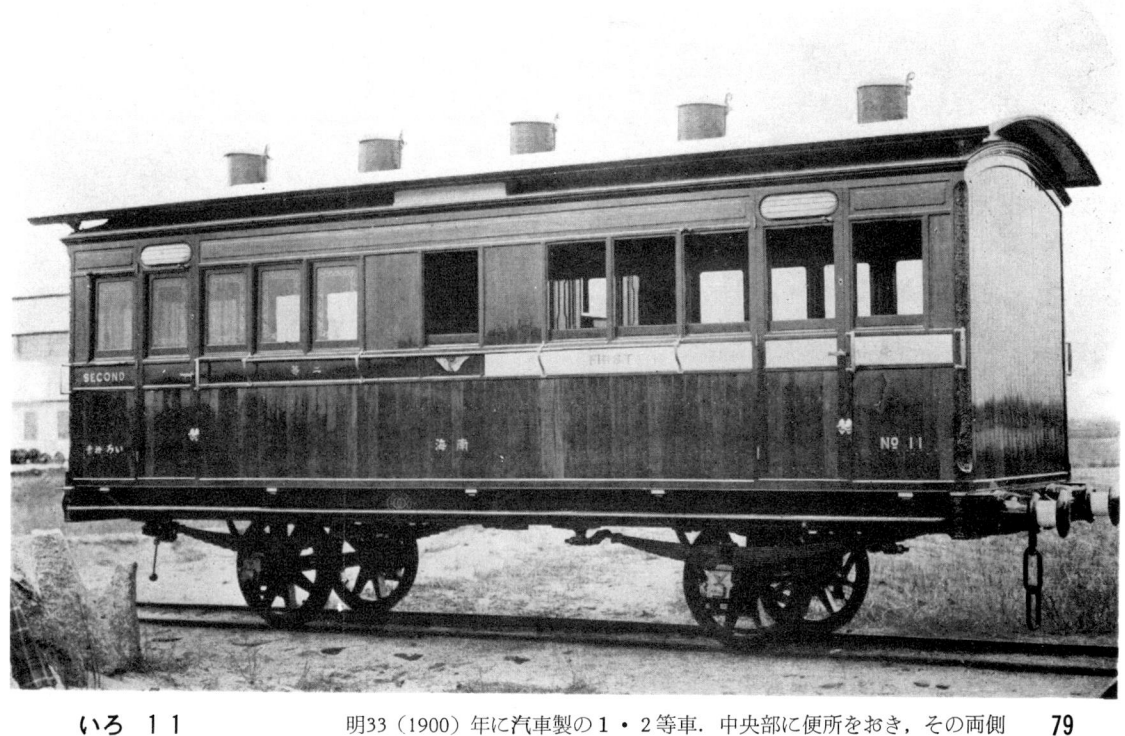

いろ 11　　　明33（1900）年に汽車製の1・2等車．中央部に便所をおき，その両側に1等室・2等室を配する構造である．

いろ11　1等室内部　　同じ四輪車であっても，その室内調度は3等車とは比べものにならぬほど整っている．車体中央部に設けられた便所が車巾の2/3をしめているのも，特異な点である．

は 84* 　明33(1900)年，汽車製の3等車．客室を5区画に分ち，1区画には車巾一ぱいの腰掛を通路をはさんで向いあわせに配置．この時代としての標準的構造を備えている．

川 越 鉄 道 〔現西武鉄道〕

　西武鉄道は会社履歴上では，大正3(1914)年開業の武蔵野鉄道の系統に属しているが，その営業線の一部は，明治27(1894)年に開業した川越鉄道の路線を引継いだものである．川越鉄道は事実上は甲武鉄道〔89〕の傍系会社であり，使用客車もすべて単車であった．

ロ 2*

明27(1894)年，平岡工場製．川越鉄道時代には2等車であったが同鉄道の後身である西武鉄道では事実上3等車として使用された．

東 武 鉄 道

　東武鉄道は今では，関東地方有数の大私鉄であるが，明治32（1899）年に北千住・久喜間を開業した際には，日本鉄道の影響下にある小さな私設鉄道にすぎなかった．北関東で確固たる地位をきずいたのは，利根川架橋の完成後であり，ボギー車を使用したのは明治末期のことであった．

3等車内部

車体両端に開き戸を設け，たたみ表を張った長手腰掛と，ほかに中央にも同じ様式で，かつ転換可能の長手腰掛を配置した珍らしい構造である．

83

鹿島参宮鉄道
　　ハ　5 *

東武鉄道は明32（1899）年の開業に際し，東京車輛製作所，天野工場で38両の単車を製造したが，写真の車はその1両．他社が区分室型を採用しているのに進んで貫通式とした点が構造上での特色である．

84

鉄道院所有車両

コヤ 6600　　　南満州鉄道（狭軌時代）の貴賓車として明40（1907）年に汽車で3両製造されたが，明41（1908）年の改軌後内地へ送り返されて鉄道院の所有となり，特等貸切車として使用された．内部は料理室・食堂・談話室・寝台・便所・洗面所からなり，定員は20名．　　85

コヤ 6610　　　明44（1911）年8月，皇太子の北海道行啓の際に御召車として札幌工場（現苗穂）で製造．後に特別車ホトク5015*となり，大6（1917）年に苗穂で改造後は，職用車として使用された．　　86

逓信省所有車両

テユ型郵便車 　従来使用されてきた郵便車は構造不備で，長距離にわたっての乗務には不適であったため，明38(1908)年に汽車でテユ型(テユ1～6)が製造され，新橋・神戸間，上野・青森間で使用された．車室中央に2等室に準ずる休ケイ室をおき，便所・洗面所の設備を設けるなど設備の新式化がはかられていた． 87

樺太庁鉄道で使用中のテユ型郵便車 　テユ型郵便車は，基本型の郵便車の出現によって大正年代に樺太庁鉄道に移管されたが，郵便車の発達史上で果した役割は大きかった． 88

明治・大正時代の列車

市ケ谷付近を走る甲武鉄道の列車　89

いまの中央線がまだ甲武鉄道であったころ，市ケ谷辺をゆく下り列車，八王子行か甲府行であろう．明36年らしく，まだ外濠線の線路も見えない．

加茂川鉄橋を渡る列車

機関車番号が官設鉄道時代のものであるから撮影は明40年代であろう．けん引するボギー車は鉄道作業局系のものである．

90

東海道線の急行列車

官設鉄道の急行列車は明29（96）年から運転が開始されが，写真は明33年ころの状景ある．

東海道線の下り列車

8850のひく急行列車かと思われる．左手に院線電車の線路が見えるから，京浜間の大森付近であろう．

アプト区間を走る試運転列車

電気機関車の次に連結されているのが歯車車（ピフ）で，撮影は大10年代である．

東海道線 電化当初の横須賀線列車

電化当初のいわゆる電・電けん引（1040＋6000）列車で，客車には電気暖房がついていた．撮影は昭2年2月．

木製客車基本型の確立と発展

　鉄道国有法の施行に伴って，明治39・40(1906・07)年度に17の私設鉄道が買収された結果．官設鉄道の客車総数は，ボギー車 957，単車 4,026，合せて 4,983 両に達した．しかし，これらは寄合世帯であって統一をかき，整備に多くの手間が必要であった．

　国有直後には，客車の新製はなお旧来の所属の基準に従って続けられていたが，明治42(1909)年10月に新製客車の乗客座席標準寸法，同43年8月に客車・郵便車・手荷物車工事仕様が定められた結果，以後大正8(1919)年度まで，新製車は原則として上にかかげた基準にもとづいて製作されることになった．これがいわゆる「中型客車」である．

過 渡 期 の 車 両 〔作業局基本型・Brill 台車付 3 軸ボギー車〕

　中型（鉄道院基本型）客車の中で，明43・44(1910・11)年に製造した車両の中には，従来の規格によって準備された材料を使用したものが含まれる．2軸ボギー車の場合には，鉄道作業局系の台ワク・台車が使用されたが，3軸ボギー車では九州鉄道発注の Brill 会社製客車〔63〕と同規格の台ワク・台車も使用されている．

オエ 19927*
〔昭29制定〕

明43(1910)年，大宮で1等食堂車ナイシ9187* として製造したが，後にオロシ・スハニを経て晩年は救援車となっていた．

95

96

スル 19959 *
〔昭29制定〕

〔95〕と同年に同所で製造され，2等寝台和食堂車（オロネワシ9181*）から2等食堂車・郵便荷物車をへて配給車へと変転した．

オヤ 19900

明44（1911）年に新橋工場で製造され，最初から職用車（巡察車）であった．

97

オユニ 19420

〔97〕と同期の製造で，原形は食堂車であった．

98

中型客車の時代

　明治43（1910）年8月に制定された客車・郵便車・手荷物車工事仕様に定められた基準に従って製造された基本型客車（中型客車）は，車長においては鉄道作業局の2軸，3軸ボギー車と変りはなかったが，車巾・車長においては一段と改善され，均斉のとれた形態がつくりだされることになった．外観的には鉄道作業局がその末期に製造した3軸ボギー車〔32〕の系統に属しているが，細部では各処に改良が加えられている．台車に例をとると，基本型客車の側バリは，初期には鉄道作業局基本型台車と同様，山形鋼を使用していたが，大正初期にはこれが球山形鋼となって強度をますと同時に，バネが大容量のものに変っている．3軸ボギー台車の場合には，新に揺レマクラアーチ棒が取り付けられ，性能がいちじるしく向上することになった．

　こうして，基本型客車は1067mm軌間用としては当時の技術で最高の水準に達し，鉄道院当局がヨーロッパ大陸の標準軌間（1435mm）の客車にはなお見劣りがあるが，イギリスの鉄道と比較するならば，車巾・車高においてはこれと同等であると誇るほどであった．

ナイロフ10560 1等室内部

大4・6（1915・1917）年に4両製造され，当初はナイロフ5400と称した．内部は中央部の便所・手洗所をはさんで前位寄りが1等室となっている．

99

ホロフ 5615　　　　明43・44（1910・11）年にホロフ5615として15両が製造された．後年は　　100
〔明44制定〕　　　すべて改造されてナハフ14100になった．

ホロフ 5615 内部　　　　　　　　　　　　　　　　　　　　　　　　　　　　　　　　101

ホロハ 5780 〔明44年制定〕　　　　　　　　　　　　　　　102

ホハ 12000　　　　　　　　　　　　　　　　　　　　　103

ホロハ 5780

明44〜大5（1911〜16）年に75両が製造された．昭3年の改番ではホロハ11350となった．

ホハ 12000

明43〜大6（1910〜17）年にわたってホハ6810として約350両が製造された3等車標準形，製造年度によって多少の差異がある．

3等車内部の石炭ストーブ

104

ホハ 12013 *　　　明44（1911）年，旭川で製造された6両（ホハ6810～6815→ホハ12008　　105
　　　　　　　　　～12013）のうちの1両で，昭29（1954）年廃車後は旭川工場に保存さ
　　　　　　　　　れている．

ナハフ 14100　　　明43～大6（1910～17）にかけて製造されたホハ12000〔103〕の緩急車　　106
　　　　　　　　　型．当初はナハフ7570と称し，280両余りが存在した．

ナハユニ 15450　　この形式は総数63両であるが，本来の車は最初の3両（大9年製）だけ　　107
　　　　　　　　で，他はナロハ11300・11500・11600・ナロハフ11900からの改造車であ
　　　　　　　　る．写真は旧ナロハ11304*．

ナハニ 15550　　ホハ12000と同時に，ナハニ8430として180両余りが，明43～大6（1910～　　108
　　　　　　　　17）年に製造された．後にナロフからの改造車が30両ほど加わっている．

ナハニ 15938 *　ナハニ15900は総数68両中で最初の1両を除けば，大半はナハニ・ナロハ・ナロハフ等の改造車であるが，中には供ぶ車改造も3両含まれている．15938～15940がこれにあたり，旧番号は120・121・125．側板が縦羽目でなく，平らな板で張ってあるのが特色である．写真は明45（1912）年新橋工場製である．

109

ナロヘ 16900　皇室用客車（霊柩車）を大14（1925）年に1等病客車に改造し，のち2等病客車に格下げしたものである．

110

51

ナユニ 8745
〔明44制定〕

明44～大6（1911～17）年にナユニ8745として製造されたが，製造年度によって少しずつ差異がある．昭3（1928）年の改番の際にナユニ16200・16230・16250・16350の4形式に区別された．

111

オユ 16100

大7（1918）年オユフ27470として竣功したものと，昭16（1941）年ごろナロハフ11700・11730から改造されたものとがある．写真は，旧ナロハフ11735*．

112

ナヤ 16952 *　　大8(1919)年大井で職用車(ナヤ5016*)として製造された．昭3(1928)　113
　　　　　　　　　年の改番ではナヤ16970となり，昭25(1950)年ナヤ16950に編入．内部
　　　　　　　　　には展望室・寝室を有し，職員18人が乗車できる．

ナハフ 14070 *　　もと播丹鉄道ホハフ500*で，昭16(1941)年鷹取でナユニ5672*の台ワ
　　　　　　　　　クを使用して車体を再製したもの．特異な外形を備えている．　　　　114

オテン 9020
〔明44制定〕

115

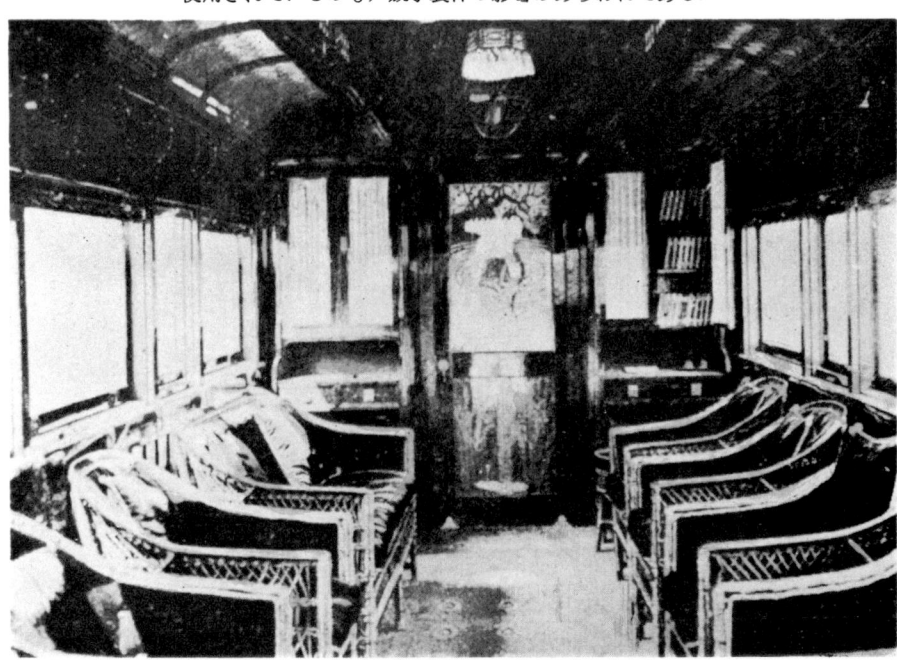

明45（1912）年6月15日から，新橋・下関間に運転の特別急行列車に初めて展望車が連結された．写真はその最初の展望車で，新橋工場で5両が製造された．展望車としての寿命は短く，大正年間に荷物車に改造された．

特別急行列車用の車両はとくに製造所を指定し，各車種ごとに入念な工作を施こさせた．そのため受注者は技術の粋をつくし，最高の出来栄えをうるように努力した．オテン9020の展望室最後部の窓に曲面ガラスが使用されているのも，競争製作の影響のあらわれである．

オテン 9020 内部

116

オロ 18000　　明44（1911）年，最初の特別急行列車用として新橋工場と汽車で5両ず　117
つ製造．原形式はオロ9340，のちオロハ→オハと格下げされた．内部に
は仕切があり，一方が禁煙室になっている．

　　　　　　　車巾に余ゆうがないため，横型腰掛にかわって長手式を採用している
　　　　　　　が，後年長手腰掛は定員増の手段と考えられたのに比して，著しい対照
オロ 18000 内部　である．この形式に限らず当時の優等車はほとんど長手腰掛であった．
　　　　　　　　　　　　　　　　　　　　　　　　　　　　　　　　　118

**オイネテ 17000
内部**

オテン9020〔115〕につづいて，オテン9025として大2（1913）年に製造されたもの．展望室・特別室・1等室からなり，定員31人，寝台定員は10人である．

119

オシ 17700 内部

大8（1919）年に大井でオシ28650として製造された．食堂定員30人，喫煙室6人．食卓の配置がのちのものと逆で勘定台に向って右側4人用，左側2人用なのに注意してほしい．

120

オロシ 17750

総数14両であるが，原形式が異なるので5種類に分けられる．定員は2等20または24人，食堂12人，喫煙室5人である．

121

オハ 18000

昭22〜23（1947〜48）年ごろオロハから改造されたもの．前歴がまちまちなので差異が多い．写真は最終番号（18042）で，前身はオロハ18294*．

122

スニ 19500

いろいろな車をよせ集めた形式であるが，写真（19510）は大2（1913）年日車製で，初めから荷物車である．

123

オヤ 19830

建築限界測定用試験車で，中形ボギーの限界測定車はこれ1両のみ．明45（1912）年汽車で2等寝台車として製造．のち荷物車となり，昭16（1941）年吹田で試験車に改造された．

124

57

オヤ6650　　大4 (1915) 年，軌道試験車としてアメリカ合衆国イリノイス大学から購入したもの．旧形式はオケン5020．台車は自由に軌間を変更できる特殊な構造を備えている．

オヤ6650内部

取り付けられた機器類も全てイリノイス大学の設計によるもので，のちにマヤ39900〔304〕に替装され，30数年にわたる使用にたえ，国鉄車両技術の発達史上に重大な貢献を果した．

オヤ 19950

用途は軌道試験車であるが，車体は元1等寝台車で外観・内部ともにその面影を残している．

127

オヤ 19950 内部

中型3軸ボギー車を改造したため外観は見ばえがしないが，機器類は新式化されている．

128

オヤ 19950 台車

各種の試験装置が取りつけられているため，その構造はいかにもものものしい．写真は車両検査用のピット内から，台車の底面を写したもの．

129

大型台ワク・長軸台車の採用　〔大正7（1918）年以降〕

　鉄道国有後たびたび論議がかわされ，種々調査が重ねられてきた標準軌間（1,435 mm）への改築計画は，大正5（1916）年3月に後藤新平の鉄道院総裁就任を機会に強力に推進されることになった．その一環として，客車製造に当たっては，改軌を容易に実現する目的から，車軸を長軸とし，これに伴って台ワク・台車の設計を変更するという措置が採用された．

　改築計画自体は翌7年，総裁の交代によって廃案となってしまったが，客車工作上に加えられた改良はそのまま継承され，以後，新製客車の台車には長軸が使用されることになった．

　こうして製作されたのが，TR11・TR71，UF12・UF72である．しかし，大正7・8年度においては，車体寸法は従来製作されてきた基本型が引続いて使用された．これらの車両は，外観上は明らかに中型客車である．しかし台ワク・台車は大型客車なみであったから，後年，鋼体化改造が問題となったときには大型車と同等に扱われている．しかし大正14（1925）年に一斉に施行された自動連結器取付工事の結果，UF12・UF42では強度が不足することが判明したため，その製造は大正15（1926）年限りで打ち切られることになった．

ナイロ10540

大7・8（1918・19）年に日車で4両が製造された．旧形式ナイロ21300　1等18人，2等28人で，ともに長手腰掛を使用している．のちに2・3等車に格下げされた．

130

ナロ 10900　　大9（1920）年，ナロ21850として製造．長手腰掛で定員50人．ナハユ　　131
　　　　　　　　　ニ15320とナハニ15800に改造された．

ナハフ 14500　　大7〜9（1918〜20）年の製造で，当初ナハフ25200と称した．総両数
　　　　　　　　　176（ナハフ14500としては161）．これと同期の3等車はナハ12500で，　　132
　　　　　　　　　大形台ワクのためのちに鋼体化改造の種車として扱われた．

ナハニ 15800　　　大8・9（1919・20）年製．旧ナハニ 27000．定員3等36人，荷重4 t．　　133

オユ 16150　　　大8（1919）年，天野工場製．旧オユフ 27450．両数9（製造数10）．
　　　　　　　　荷重8 t．　　134

スハユ 19000　　1・2等寝台車（スイロネ17260）を改造したもので，　135
両数2．定員3等44人，荷重4 t．

マニ 19650　　この形式は総数10両しかないが，寝台車・食堂車・1等車などを種車と
している．写真（19650）は，元オイネ17100である．　136

大型客車の時代

　大正7（1918）年度以降の新製車に採用された大型台ワク（UF 12・42）は，基本型（UF 11・41）に比して巾が355 mmも広いうえ，建築限界にもゆとりがあったので，同9（1920）年度以降，車巾・車高を拡大した新設計の車体を取りつけた車両が製造されることになった．これが後に昭3（1928）年の称号規定の改正後に20000代の車両番号を使用した「大型客車」である．

ナロハ21706*　　大8（1919）年に大井で試作された大型車で，幕板まで縦板張りとなっている．原形は特別室を持った2等車（ナロ20805*）で，ナロハに改造の際に3等室分の窓が改められた．同じタイプの車にナハ23050*があったが共に戦災で焼失した．　　137

ナシ20300　　大12・13（1923～24）年製．当初は和食堂車（ホワシ20390）で定員28人で，窓の方に向って食事をするようになっていた．のちナハ21950に改造された．　　138

ナロ 20850　　ナハ22000と同期に製造された2等車．旧形式はナロ21700．写真は大 139
　　　　　　　15（1926）年製．転換式腰掛を備え定員52人．

ナロハ 21300　　〔139〕と同時期の2・3等車である．旧形式 ナロハ22350，2等 140
　　　　　　　室は長手腰掛で，定員32人，3等は32人であった．

ナヘロフ 21280　日華事変の傷病兵輸送のためにナロフ21200〜21204を改造したもの．たん架使用を考え，側出入口が新設されたが，うち1両は戦後も駐留軍用として用いられた．　141

ナヘロフ 21280 内部　2等車当時の横型腰掛を前位寄に残し，後位寄をたたみ敷きに改造したのが特色である．　142

ナハ 22000

大9 (1920) 年から大15 (1926) 年にかけてホハ34400として，1,800両近い多数が製造された（震災復旧車を含む）．大13年度までは大6年度基本台車，以後はＴＲ11を使用し，また大13年製からは窓が上昇式となっている．写真は竣功当時（大12）のもので，窓に保護棒がついているのが珍らしい．

143

ナハ 22000
〔戦後のすがた〕

大平洋戦争中以後は，木製車は修理がゆき届かないのが普通であった．この写真のように整備されている例は珍らしい．

144

ナハフ 24000　ナハ22000〔143〕の緩急車型である．旧形はナハフ25500，製造両数は900余に達した．写真は大14（1925）年度製で初めから自動連結器を装備していた． 145

ナハフ 24000 内部　中型車では天井にはタルキが露出していたが，大型車では化粧張りがほどこされ，内部の印象はかなり明るいものになった．しかし腰掛には進歩のあとがみられない． 146

オハユ 25300

総数43両あり，ナロネ・ナハフ・オハニなどの改造車の寄合世帯．写真はその最終番号車で改造前は3等荷物車（オハニ25649*）であった．

147

オハニ 25500

大11・12(1922・23)年製で，旧形式は オハニ 27200，定員は3等36人，荷重5 t．

148

オハニ 25700

大13〜15（1924〜26）年に，前車に[148]つづいて製造されたが，車掌室が広くなり出入台扉の位置が移ったため外観はかなりちがったものになった．昭3（1928）年改番の際に別形式となっている．

149

69

オハニ 25800 　昭6（1931）年以来，2等寝台車を筆頭に車種改造工事の結果生れた形式．写真は元ナロネ20100〔368〕で，同形車は5両ある．定員3等32人，荷重5 t． 　150

オユニ 26650 　大11～13（1922～24）年にオユニ27620として36両が竣功したが，のちに改造車が22両加わった．荷重は郵便室4 t，荷物室5 t． 　151

オニ 26600

大11〜13（1922〜24）年に川船で83両製造，車両によって上昇窓・下降窓の区別がある．旧形式はオニ 27830．大震災による焼失車の台ワク・台車再用車も含まれている．

152

オニ 26600
〔華中鉄道転出車〕

日華事変中に軍事上の要求から外地へ転出された車両はかなりの数に達したが，華中鉄道用の場合には省工場で制動装置を1,435mm軌間用に改装のうえ船積された．

153

ナハ 22000
〔震災復旧車〕

大震災で車体を焼損した中型客車の台ワク・台車などを再用し，これに大形車体を取り付けた変形車で，大12（1923）年度に18両が竣功した．鋼体化改造の対象とならず，営業線から木製車が姿を消すまで使用されていた．

154

71

オイテ 27000　オテン9020〔115〕と置換えるため，大12（1923）年大井で5両製造，東京・下関間の特別急行列車に使用された．鋼製展望車の出現後は予備車となったが，2両は鋼製化〔323〕されている．旧形式はオイテ 28070．定員は展望室12人，1等室18人．区分室の設備がないため1等寝台車との併結が必要であった．　155

スロ 27900　特別急行列車の2等車を大型車とするため，大12（1923）年日車で10両製造された．50人分の転換式腰掛を備え，両端に便所を取り付け，同種の中型車を上まわる収容力があった．写真は大15年9月，安芸中野・海田市間で土砂崩壊による特急転覆事故の犠牲となった車である．　156

スハフ 28800　大14(1925)年に3等特別急行列車（後の「さくら」）用として汽東・日　157
　　　　　　　支で12両製造．しかし，木製車であるため，スハ33000〔248〕の出現に
　　　　　　　よって用途が変った．旧形式はスハフ 29500．

　　　　　　　　背ズリが傾斜し，進行方向に固定された2人用の横型腰掛と折たたみ式
　　　　　　　　の小卓を備え，スハ 33900〔248〕スハ 44〔405〕の始祖となった．当時　158
スハフ 28800 内部　の3等車と比べると旅客サービス上で画期的な車両である．

スヘ 28800

日華事変中に傷病兵輸送のためにスハフ28800〔157〕を改造したもの．両端の出入台のほかに，新たに側出入口が設けられた．

159

スヘ 28800 内部

3等車当時の2人用横型腰掛はすべて撤去され，たたみ敷きとなった点がナヘロフ21280〔142〕との違いである．

160

スハ 28400

スハフ28800〔157〕と同じ用途をもつ3等車．大14（1925）年に汽東・日支で20両製造．旧形式はスハ29300である．

161

スハニ 28850 　鋼製寝台車の増備によって格下げされたもの．総数5両．新製当初は幕板に明り取りの小窓があり，1・2列車（後の「富士」）に使用された華かな存在であった． 162

マニ 29500 　大13（1924）年に大宮で大震災の被災車の台ワク・台車を再用して竣功した5両の荷物車は，巾は中型，高さは大型という特異な形態であった．これらの車は台ワクが張りだしているため，他の大型車と容易に識別できる． 163

魚腹型台ワク付木製客車

ナイロフ 20550　昭2（1927）年大宮で5両製造．大型車であるにもかかわらず，1・2等とも長手腰掛を使用している．皇族を始め貴賓用にあてられ，電車に併結して使用されるなど広範囲に利用された． 164

ナロ 20700　昭2（1927）年に小倉・川船・日車で57両製造．固定式横型腰掛付で定員52人．旧形式ナロ21700．車体はナロ20200と同一である． 165

ナハ 23800　　　昭2（1927）年に汽東ほか6社で104両製造．車体構造はナハ22000　　166
　　　　　　　　〔143〕と同一で，製造時は同一形式であったが，台ワク形式の相違から
　　　　　　　　昭3の改番では別形式となった．

　　　　　　　　ナハ23800〔166〕の緩急車型．昭2（1927）年に汽東ほか4社で72両製
ナハフ 25000　　造．ナハ23800と同じく製造時にはナハフ24000〔145〕と同形式であった．　167

オシ 27730
〔華中鉄道転出車〕

昭2（1927）年にスシ28670として3両製造．台ワクの相違から昭3年の改番ではＵＦ42付の車とは別形式となる．3両とも戦時中に軌間を改造の上，華中鉄道に転出した．写真は船積直前の姿である．

168

オシ 27730 内部

オシ17700〔120〕とは食卓・椅子の配置が異なり，調理室に向って右側が1人掛である点が特色である．内部の構造はスシ37700〔236〕とほとんど変らない．

169

オイ 27800 昭2（1927）年大井で6両製造．当初はオイ28800であった．内部は片側1人掛，反対側2人掛の横型固定腰掛46人分を配した珍しい構造であるが，1等車としてはほとんど使用されず，青帯をつけ2等代用車として団体列車に使われた． 170

スイフ 27830 オイ27800〔170〕の緩急車型，昭2（1927）年に大井で4両製造．新製の木製車としては最後期のもので，就役時にはすでに魚腹型台ワク付の鋼製車が姿をあらわしていた． 171

木製車の末路

日鉄鉱業赤谷専用鉄道

関西鉄道の単車は構造がぜい弱のため，国有後いち早く整理されてしまったが，昭31（1956）年まで日鉄鉱業で使用されていた車は，常総鉄道に払下げられたものの中の1両である．

172

寿命をまっとうした単車
〔エ 742*〕

国鉄車両として最後のつとめを果したのも，結局は事業用という使用ひん度の低い車種に転用された結果であったが，近代化の進む今日ではもはや消えゆく運命にある．

173

補強工事を施した木製車
〔ナユニ16420*〕

補強されて辛うじて使用される木製車も，営業用としての寿命は昭31年限りであった．事業用としての寿命も余り長くはない．

174

配給車に改造され
た木製車
〔ナル17617*〕

鋼体化改造工事の末期
に雑型配給車と置換え
るため，多数の中型配
給車が出現したが，鋼
製配給車が登場する今
日ではその寿命はあま
り長いものではないだ
ろう．

175

救援車に改造され
た木製車
〔スエ29006*〕

3軸ボギー車は鋼体化
の対象にならなかった
し，事業用車に改造さ
れた例も少なかった．
改造車とても今は整理
の寸前にある．

176

津 軽 鉄 道
ナハフ14102 *

鋼体化の末期にはこれ
までの雑型に変って中
型ボギー車も払下げの
対象となった．国鉄か
ら基本型の木製車が廃
車後も，これらの私鉄
払下げ車はなお引続い
て使用されるのではあ
るまいか．

177

81

地方鉄道の木製客車

南薩鉄道 ホハフ 68　大正12（1923）年に日車で鳳来寺鉄道用として製造．同鉄道の電化後，南薩鉄道に譲渡された．車体寸法はＵＦ12台ワク付の中型客車と同じであるが，台車は短軸用．当初は2・3等合造車であった． 178

ホハ12000 *〔省番号〕　大正12（1923）年に越後鉄道用として新潟で製造された8両の3等車で，国鉄に買収された．省の木製車に準じた設計ではあるが，車長は約18m，中央部に便所があり，妻板の構造などに独自の設計が施こされている． 179

常総筑波鉄道コハフ 602 *

大3（1914）年，汽東で長州鉄道用として製造．当時としても旧式な形態であるが，線路状態の悪い線区でも使用できるよう工夫されている．車歴は複雑で，芸備鉄道・鉄道省・常総鉄道と三転した．

180

島原鉄道ホハ 30 *

大手の車両会社で製造された地方鉄道のボギー車は次第に省の中型客車の形態に近づいていった〔178・179〕が，岡部鉄工所（福岡）がおもに九州の地方鉄道用に製作した車両は，出入台に引戸を配する独自の形態であった．

181

富士身延鉄道ホハ 60 *

天野工場もまた独自の設計のボギー車を製作したが，大6・7（1917・8）年に富士身延鉄道用として製造した10両は，同鉄道の電化後は附随車となり，省に買収後にも使用された．（2代目サハ26）

182

佐久鉄道 ホハ41 電化を前提とし，電車用台車・パンタグラフ取付台まで設備した特殊な客車．大14（1925）年，日支で9両製造．しかし同鉄道の電化はさたやみとなり，電動車・制御車用にわけた設計も無駄におわった． 183

常総筑波鉄道ナハフ104* 電車用台車と側出入口を配したのは電化を想定したからであろうか．だが当の鉄道では終始客車であり，他社に転じたものがそのままの形態で電車化されるという結果になった． 184

神中鉄道ハフ 102 *

単車は一般には明治時代の遺物のように考えられているが，実際には，省では客車がボギー車に統一された後にも地方鉄道向には単車の製造が続けられた．しかし設計の基礎には省の基本が取入れられ，汽車の製造した車両にはとくにこの傾向がいちじるしい．

185

越後鉄道用 2 等車

単車ではあるが，大正時代の車両には貫通式のものが多い．越後鉄道では単車・ボギー車が併用され，ともに新潟製であった．が，〔179〕と比較すると外観の類似が明かである．

186

新宮鉄道 ハ 25 *

わが国最初の鉄道線用の電車であった甲武鉄道の四輪電車は，国有後間もなく整理の対象となり，電気部品を撤去して払下げられた．しかし，多くの場合客車としても短命であったが，佐久鉄道から新宮鉄道に転じた車両の中には，さらに鉄道省から鹿島参宮鉄道と車籍を転じたものがある．

187

皇室用客車

正面の開戸により次室に通ずる構造で，天井中央の凹みには3個のランプをつり下げる．内部は中央に御座所をおき，その前後が次室，後位端が御手洗所・御厠となり，陛下は次室の側出入口より乗降された．　⇨

明9（1876）年，神戸工場製で，翌年2月5日阪神間鉄道開業式に明治天皇が乗御された．大2（1913）年廃車になり，昭11（1936）年2月鉄道博物館に移され，同33（1958）年10月鉄道記念物に指定された．　⇩

初代1号御座所内部　　　189

初　代　1　号　　　188

旧 2 号　明34（1901）年，九州鉄道がドイツのバンデル・チーペンから購入したもので，翌年明治天皇御巡幸の際に使用された．大2（1913）年廃車となり，同12（1923）年東京に送られ，昭11（1936）年鉄道博物館に移された．

旧2号御座所内部

欧州風の下をすぼめた腰板を有し，室内も欧州風の構造である．天井には2個のランプがあり，正面の2枚引戸により出入台に通じ，内部は前半分が御座所，ついで御化粧室（御厠を含む）・侍従室となっていた．

初 代 3 号 　明31（1898）年10月，新橋工場製で，初めてのボギー御料車である．大 15（1926）年12月大正天皇の霊柩車として使用後，昭4（1929）年廃車となり，同26（1951）年貞明皇后の霊柩車として復籍して13号となった． 192

初代3号御座所内部 　御座所前に開放式の廊下がある．内部は前位より，大膳室・大臣扈従室・御座所・大臣扈従室・御寝室・御手洗所および御閑所となっている．霊柩車になったとき，御座所の壁は大引戸に，廊下の手すりも開戸に改造された． 193

内部は御座所・御化粧室・御厠・女官室・供ぶ員および侍医室・大膳室からなる．御座所内は総ケヤキ造りで，腰羽目はどんす張り，天井板はキリのまさ目板に「帰雁来燕の図」（川端玉章画）が画かれている．

5号御座所内部 194

5　　号

明35（1902）年3月，皇后御召用として新橋工場で製造された．鋼製御料車2号落成後も皇后御料車の予備として保存され，昭34（1959）年鉄道記念物に指定された．

195

6号御座所内部

内部は御座所（片側廊下付）・御寝室・侍従室2・大膳室および御厨よりなる．陛下の御乗降は車側の開戸からで，開戸の下方で魚腹形側バリに設けた長方形の穴を通じて踏段が引出される．

196

6　号

明43（1910）年10月，天皇御召用として新橋工場で製造．最初の3軸ボギー御料車で，台ワクには魚腹形側バリを用いている．昭34(1959)年鉄道記念物に指定された．

197

7　号

大3（1914）年11月大正天皇御即位大礼のための京都行幸に当たり，天皇・皇后御同列御召用として新橋工場で製造．8（皇后用）・9（御食堂）号も同じ目的でつくられたものである．昭10（1935）年廃車された．

↑

7号御座所内部

内部は御座所（片側廊下付）・御休憩室・御化粧室・御厠（和洋2室）・供ぶ室からなる．室内装飾は宮内省内匠寮の担当で，純日本式である．この車から御出入台から御乗降されることになった．

賢所奉安車　　　200

大4（1915）年，大正天皇御即位大礼に際し，賢所の京都への移御用として，大井で製造．中央に奉安室（車側に両開戸がある）前後に内典侍・掌典の候所がある．

賢所奉安車内部

201

10　号

大11（1922）年4月英国皇太子御来朝に際し大井で製造された展望車で，その後は貴賓用として用いられていた．御座所（展望室）・御休憩室・御化粧室・供ぶ員室（区分寝室3）・化粧室・車掌室となっている．

202

12　号　　　　大13（1924）年1月摂政宮用として大井で製造され，御即位後もそのまま天皇御召用として使用された．最後の木製御料車で．車内配置は現用車とほぼ同じ．御座所および調度にはクワ材が用いられている．

11号御食堂内部　　10号と併結使用する食堂車で，同時に大井で製造，御食堂・献立室・料理室・大膳寮員室・供ぶ員室・職員室からなっている．

3号（旧1号）　　　　　　　　　　　　　　　　　　　　205

昭7（1932）年3月天皇御召用として大井で鋼製御料車1号として製造されたが，昭33（1958）年照明・冷房等の近代化改造を施工し，同35（1960）年3号になった．

3号（旧1号）御座所内部

内部は御座所・次室・御休ケイ室・御化粧室・御厠よりなる．写真は33年の近代化改造後のもの．用材はすべてクスとし，御座所の内外羽目間および床下には特殊鋼板を張り，フランスより輸入の強化ガラスが用いられている．

206

2 号　　　　　　　　　　　　　　　　　　　207

昭8（1933）年9月皇后御召用の鋼製御料車として大井で製造．昭34（1959）年照明・冷房等の近代化改造を施工し，同時に御同列用となった．

2号御座所内部

内部は御座所・御休ケイ室・御化粧室・候所・女官控室・御厠よりなる．写真は近代化改造後のもので，用材はすべてシオジとし，壁面は朝陽地色朝の海模様のつづれ張りである．

208

1　号	昭35（1960）年9月，1号編成を固定編成列車方式に整備改造した後の御料車で，施工は大井．室内配置は3号と同じで，窓は複層ガラスを用いて固定してあるが，御座所中央窓は電動下降式となっている．	209

1号編成	固定編成列車方式に整備改造された1号編成で，昭36年3月26日甲府駅西方を進行中の状景．前より蒸機＋461＋330＋1号＋340＋460で，全車ケイ光灯・電気暖房を備え，中央3両は空気バネ・冷房付である．	210

３３０　　　昭6（1931）年12月，1号編成用の鋼製供ぶ車として大井で製造．昭33　211
　　　　　（1958）年照明改造，さらに35（1960）年固定編成列車方式に整備改造
　　　　　をいずれも大船で施工した．

　　　　　昭7（1932）年3月，1号編成用の鋼製供ぶ車として小倉で製造．昭33
　　　　　（1958）年照明改造，35（1960）年固定編成列車方式の電源車に整備改
４６０　　造をいずれも大船で施工した．　　　　　　　　　　　　　　　　212

暖房車

ヌ 600　　碓氷峠のアプト区間で使用した歯車車（ピ）が，直通ブレーキの完成で不用になったのを，暖房車に改造（昭6年大宮）したもの．ヌ6000となり，7両が碓氷峠で再度のつとめを果した．昭28年ヌ600と改称さる．　213

ヌ 100　　ダルマストーブを使用し，サービス不足を指摘されていた北海道のローカル列車の暖房改善のために造られた簡易暖房車で，出場時はヌ1000であった．　214

ホヌ 30 東海道線の電気列車用として，大15（1926）年，小倉・苗穂で15両が製造されたが，当初貨車用のTR20を使用したため脱線事故をおこし問題となった．旧形式ホヌ6800，ボギー暖房車の中では最も小型である． 215

スヌ 31 昭4（1929）年，同6年の2回に分けて，22両が川車と日車で製造された．〔215〕より大型で，自重約30t，旧形式スヌ6850． 216

ナヌ 3 2　　昭9（1934）年に川車で3両，日立で2両が竣功した．スヌ31より小型で，旧形式ナヌ6900．台車は貨車用のTR24を使用している．　　217

オヌ 3 3　　昭11（1936）年に日車で2両製造されたが，実質的にはスヌ31とほとんど変らない．戦後，昭22・23（1947・48）年に立山重工で12両が増備されている．旧形式オヌ6880．　　218

マヌ 3 4	戦後，電化区間の延長に伴う暖房車の不足を補なうため，廃車となった2120形蒸気機関車の缶と，トキ900形貨車の台ワクなどを流用して昭24・25(1949・50)年に29両が浜松で製造された．暖房車中では最大である．	219
列車に組入れた暖房車	東海道線電化の初期には横須賀線用客車に電気暖房，直通列車に暖房車が採用されたが，その後機関車蒸気発生装置の出現により暖房車は幹線区間から姿を消した．しかし，最新の技術を誇る交流電化区間でも，蒸気発生装置がないと暖房車を必要とする．けん引定数・要員の点から最近は再び客車に電気暖房を併用しているが，暖房車の使命はまだ終らない．	220

鋼製客車の誕生と発展

最初の鋼製客車

昭2（1927）年3月，わが国最初の鋼製客車が完成し，乗客の安全保持のうえで画期的な進歩がもたらされた．しかし，外観・内部構造は木製大型車と大差なく，近代的感覚からはほど遠かった．

オロ 30600
〔当初 41700，オロ 30〕

最初の2両は腰掛が固定式のため，別形式となるべきであった．構造的にはナロ20700〔165〕を鋼製化した試作車で，昭2（1927）年日車・川船の製造である．昭36年以降は車種変更でオハ27となった．〔547〕　221

オロ 30600
〔当初 41700，オロ 31〕

〔221〕とは車体窓割り・室内腰掛（転換式）が異なる．昭2（1927）年より日車他3社で144両が製造され，鋼製2等車の中堅として全国各地で活躍した．昭36年以降は車種変更でオハ27となった．〔547〕　222

オロハ 31300
〔当初 42350，オロハ 30〕

ナロハ 21400 を鋼製化したもので，2・3等室とも腰掛は固定式．昭2（1927）年より汽東他4社で48両が製造された．昭36（1961）年10月以降は車種が変更されオハ26となった．

223

オハ 32000
〔当初 44400，オハ 31〕

構造的にはナハ23800〔166〕を鋼製にしたようなもので，腰掛は横型である．昭2（1927）年より川船他8社で512両が製造され，全国各地で活躍したが，近年17m鋼製車整理の方針によって次第に姿を消しつつある．

224

オハフ 34000
〔当初 45500, オハフ 30〕

オハ31と同じくナハフ25000〔167〕を鋼製化し. 昭2（1927）年より日支他6社で165両が製造されたが, 近年は整理の対象となっている.

225

オハニ 35500
〔当初 47200, オハニ 30〕

オハニ25700〔149〕を鋼製化した構造で, 3等室腰掛は横型, 便所をもつだけで, 洗面所はない. 昭2（1927）年より日支他4社で64両が製造された.

226

スユニ 36200
〔当初 47600, スユニ 30〕

昭2～4（1927～29）年に日車・川車・汽東で20両製造された郵便・荷物合造車. 昭26（1951）年スニ30〔229〕の2両が車種改造で本形式に併合されている.

227

スユ 36000
〔当初 47500, スユ 30〕

昭2（1927）年に日支・藤永田で30両製造されたわが国最初の鋼製郵便車である．

スニ 36500
〔当初 47800, スニ 30〕

昭2（1927）年より田中他4社で84両製造された最初の鋼製荷物車．その後さらに昭4～7（1929～32）年に外観・構造ともほとんど類似のスニ36650が24両製造されたが，現在は同一形式（スニ30）となっている．

スハユ 35300
〔スハユ 30〕

3等室と郵便室を合造した新らしい車両．昭5～8（1930～38）年大阪鉄工・梅鉢で6両が製造された．車体は初期の形態を脱し20m客車の標準を採用したが，台ワクだけは魚腹形が使用されている．

230

スハニ 35650
〔スハニ 31〕

〔230〕に似た形態の3等荷物合造車で，台ワクは同じく魚腹形である．昭5（1930）年日支他2社で20両製造された．

231

マイネ 37100
〔当初 48120, マイネ 37〕

わが国最初の20m鋼製1等寝台車として昭2（1927）年大宮・大井で8両製造．内部は2人用，4人用区分寝室にわかれており，当時の最高級車で，おもに上野・青森，東海道・山陽本線に使用された〔348〕．

232

マイネフ 37200
〔当初48260, マイネフ37〕

〔232〕の緩急車型で昭3（1928）年大井で4両製造．竣功後は東京―下関間各等急行7・8列車に使用されたが，同9（1934）年9月の台風による瀬田川鉄橋上の転ぷく事故で廃車となった車両は後にマヤ371の種車となった．

233

107

マロネ 37300 〔当初 48500, マロネ 37〕	最初の鋼製2等寝台車として昭2（1927）年度末に大井他3工場・2社で43両製造．寝室は開放形の長手式で，当時の標準形である．両端に洗面所・便所を備え，前位寄りに喫煙室が設けられている．	234
マロネフ37500 〔当初 48580, マロネフ 37〕	〔234〕の緩急車型で，室内設備は同じ．昭2（1927）年度に大井・大宮・日車で23両が製造された．	235

スシ 37700
〔当初 48670, スシ 37〕

オシ 27730〔168・169〕を鋼製化した構造で内部設備・構造などあらゆる点で当時の標準形である．昭2（1927）年度日車・川車で39両が製造された．食堂は右側2人席，左側4人席で定員は30人である．当時の英文標記が珍らしい．

236

カニ 39550
〔カニ 37〕

カニ39500とともに当時の鉄道省客車中で最も重量の大きな車種．昭5（1930）年7月川車で6両製造されている．積載荷重は14 t．積車時の重量が大きいため，おもにけん引余力のある本線だけで使用された．

237

長形客車の誕生

スイロフ30550
〔スイロフ30〕

ナイロフ20550〔164〕の代替車として昭7（1932）年3月小倉で2両製造され，東トウ常備となった．皇族・首相級以上の貸切専用車として使用されたが，1等室は長手式腰掛，2等室は転換式腰掛を備えている〔427〕． 238

スロ30800
〔スロ32〕

優等列車用として製造された初の20m鋼製2等車．在来車にくらべて窓位置を下げ，台ワクをミゾ形鋼通し台ワクとして重量を軽減したほか，台車をTR23として乗心地を改善した．内部は転換式腰掛を備え，定員64人．昭3・4（1928・29）年度に日車・川車で14両が製造された． 239

スロ 31000
〔スロ 33〕

スロ30800〔239〕と同時期に製造されたが、座席が固定式横型であるため車体窓割りが異なる。昭3・4（1929・30）年度に日車他3社で40両が製造され、東京・熱海間の列車はこの形式のみを使用した。なお戦時中9両が華中鉄道へ転出している。〔153・168〕

スロ 30750
〔スロ 34〕

スロ30800〔239〕の内部をいっそう改善する目的で、定員を減らし乗客1人当たり床面積を多くとった車両で定員は60人となり、転換式腰掛を備え、洗面所を2ヵ所とし、給仕室も設けた。おもに東京・神戸間の「つばめ」および17・18列車（1・2等寝台急行）に使用。昭4（1929）年度川車で10両が製造された。

スロフ31200
〔スロフ30〕

スロ31000〔240〕の緩急車型であるが，横型腰掛（固定式）間のピッチがやや狭い．昭4・5（1929・30）年汽東他2社で20両製造．定員は60人． 242

スロフ31250
〔スロフ31〕

スロ30800〔239〕の緩急車型で，転換式腰掛を備え定員は60人．昭5（1930）年日車で2両が製造された． 243

スロハ 31450
〔スロハ 31〕

2・3等合造車の標準型で，2等室・3等室とも固定式横型腰掛，定員はロ36人，ハ40人である．昭4〜6（1929〜31）年にわたり日支他3社で23両が製造された．

244

スロハフ 31700
〔スロハフ 30〕

スロハ31450〔244〕の緩急車型で外観，内部ともに類似している．昭6（1931）年田中他2社で13両が製造された．

245

スハ 32600
〔スハ 32〕

これまでの3等車の観念を破り，旅客サービスの向上を図った画期的な車両で，広い吹寄せをほとんど取らず，腰掛一つに窓一つという優等車なみの配列法が採用された．また腰掛の背ズリも高さを増し，同時に傾斜がつけられた．昭4〜6（1929〜31）年度に梅鉢他8社で158両が製造されたが，戦時中華中鉄道への転出があったので，昭16（1931）年の改番時は136両であった．

246

スハフ 34200
〔スハフ 32〕

〔246〕の緩急車型で昭4〜6（1929〜31）年度にわたり田中他8社で105両製造，のちに華中鉄道に7両が転出している．

247

スハ 33900
〔スハ 33〕

3等特急用のスハ28400〔161〕の置替え用として昭4（1929）年に日車・汽東で19両製造．背ズリが傾斜した2人用横型腰掛（固定式，小卓付）を備えている．東京・下関間で「さくら」用として使用され，定員は80人．後に「富士」用として製造された3等車〔281〕が33900となったため，32550に形式が変更された．

248

スヘ 32550
〔スヘ 30〕

「さくら」の3等車は日華事変ぼっ発とともに輸送力増強上から定員の多いスハ32800に置換えられたため，傷病兵輸送用として〔248〕の17両を3等車から病客車に改造した．内部は片側に通路を残しほかはすべてたたみ敷きとなっている〔142・160〕．

249

115

マユ 36050
〔マユ 31〕
昭7（1932）年度に藤永田で3両製造された最初の20m鋼製郵便車．駅通過の際に自動的に郵袋の授受を行なう装置が備えられていた．　250

マニ 36700
〔マニ 31〕
最初の鋼製20m荷物車．昭5〜7（1930〜32）年度にわたって日車他3社で18両が製造された．　251

特急「さくら」

大12（1923）年から東京・下関間を3等だけの編成で運転した列車で，1・2等専用で出発した「富士」に対して，一般性のある列車であった．

252

特急「富士」

明45（1912）年，朝鮮・満州・シベリアを経てヨーロッパに到る国際列車網の一環として運転されたのが初まりで．当初は1・2等車だけで編成された豪華列車であった．固有名称が付けられたのは「さくら」と同じ昭5（1930）年．当時のローマ字の綴りに注意．

⇦ **253**　　**254**

特急「つばめ」（トレンマーク）⇨

昭5（1930）年，超特急の名のもとにわが国最高速の列車として東京・神戸間に運転された看板列車で「つばめ」の名は以後国鉄のシンボルとなった．

特急「かもめ」

昭12（1937）年，「つばめ」の姉妹列車として東京・神戸間に運転され，高速をうたわれたが，当初は展望車の整備に手間どり「つばめ」より見劣りのする内容であった．

255

スイテ 37010
〔スイテ 39〕

特別急行「富士」用として特に展望室内を桃山式として製作された，当時としてはけんらん豪華な車両．昭5（1930）年10月大井で2両が製造されている．

256

スイテ 37010
展望室内部

けっこうを極めた桃山式ではあるが，現代的な感覚では奇異な感じをうける人が多いだろう．戦後初の特急である「へいわ」にこの車両が使用されたとき，「霊柩車のようだ」と評する乗客もあった．

257

スイテ 37000 〔スイテ 38〕 特急用客車を鋼製化するためオイテ27000〔155〕の代替車として昭5(1930)年3月大井で3両竣功.「富士」用である.内部は洋風の展望室と1等室にわかれていた. 258

スイテ 37020 〔スイテ 48〕 「つばめ」用展望車として昭6(1931)年8月大井で2両が竣功,展望室はスイテ37010〔256〕の桃山式に対して明るい洋風の白木造りである.1等室は列車の性格上昼間のみを運行するにもかかわらず区分室が設けられている. 259

スイテ 37010 1等室内部 260

スイテ 37020 展望室内部 261

119

マイネ 37130
〔マイネ 38〕

「富士」用1等寝台車として昭5（1930）年3月大宮で5両竣功，2人用・4人用の区分寝室をもち，前端部には特別室も設けられた．昭10（1935）年7月，この1両にシャワーバスが設けられ営業を開始したが，これはわが国最初の試みである．

262

マイネフ 37230
〔マイネフ 38〕

昭5（1930）年1月大宮，3月大井で5両が竣功．東京・神戸間の豪華寝台列車17・18列車に2両ずつ組込まれた．寝室は2人用区分室である．

263

マイネロ 37260
〔マイネロフ 37〕

函館・旭川間各等急行用として昭5・6（1930・31）年度に鷹取で4両が竣功．函館に配属されたが，同9年北海道線イネの廃止によって3両が東鉄へ転属し，緩急車に改造して同12（1937）年「かもめ」運転開始とともにこれに使用された．内部は区分室の1等寝室と2等室（転換式腰掛）からなっている．

264

マロネ 37350
〔マロネ 37〕

マロネ 37300〔234〕を改良した当時の標準形2等寝台車．窓は低くなり，台ワク・台車は変更されたが，内部は同じく開放式長手寝室である．前位寄りに洗面所3ヵ所，後位寄りに便所2ヵ所がある．昭4〜6（1929〜31）年度に大井他2工場・日車・川車で49両が製造された．

265

マイロネフ 37280
〔マイロネフ 37〕

昭6（1931）年3月と6月，小倉で3両竣功．シベリアを横断する欧亜連絡国際列車にウラジオストックで接続する目的で毎週1回東京・敦賀港間に運転された国際列車に使用された．内部は前位寄りに1等寝台の区分室，中間に喫煙室と給仕室，後位寄りに開放式長手の2等寝室が設けられていた．

266

マイシ 37900
〔マロシ 37〕

昭6（1931）年3月と6月に大宮で5両竣功．門司局に配属のうえ門司・鹿児島および長崎間の各等急行に使用された．前位寄りから調理室・食堂（定員18人），後位寄りに1等室（1人・2人掛の転換腰掛）があったが，昭9（1934）年12月1等車の使用停止とともにマロシに格下げされ，3両は大阪局に転属，大阪・大社間急行用となり2両は札幌局へ転属した．

267

スロシ 37950　　　北海道用として昭7（1932）年3月大宮・鷹取で5両竣功．当初は函館　268
　〔スロシ 38〕　　・釧路間各等寝台急行と函館・稚内港間2・3等急行に使用された．前
　　　　　　　　位寄りから調理室・食堂（定員18人）・2等室（定員19人）で，2等室の
　　　　　　　　腰掛は転換式．なお窓は防寒上二重になっている．

スロシ 37950 食堂内部　　　　　　　　　　　　　　　　　　　　　　　　　　269

スシ 37740
〔スシ 37〕

昭5・6（1930・31）年度に川車で19両製造された二重屋根最後の食堂車．食堂定員は30人．二つの年度にまたがって製作されたため，同一形式車でありながら前半と後半では台車が異なっている〔349〕．

270

スシ 37740 内部　　木製車時代の感覚がすっかりぬけきっていない点に注意されたい．

271

丸屋根の採用

昭6 (1931) 年,木製車の名残りをとどめていた二重屋根が廃止され,鋼製客車の形態は一変した.しかし,側面の窓巾はなお狭く,主要部に残されたリベットが近代形へ移行する過渡期のすがたを示している.

スハネ 30100
〔スハネ 31〕

わが国最初の3等寝台車であるスハネ30000の細部を改良し,量産に移した車両.昭7～12 (1932～37) 年度に新潟他7社で110両が製造された 〔347・529〕.

272

スハネ 30100 内部

スハネ30000に比して寝台の長さをつめて廊下を広くし,車体を高くして寝台間隔を増し,とくに上段にゆとりをとった.また寝台の廊下側に夜間用のカーテンがついた.

273

スロ 30850　スロ30800〔239〕の細部を改良し丸屋根としたもので，昭9～16（1934　274
〔オロ 35〕　～41）年度に日支他5社で75両製造．当時の2等座席車の中堅として各
地で活躍したが，製造後まもなく溶接技術などの進歩によって原形が変
化した〔534〕．

スロ 30770 内部　転換式腰掛を備えた2等車内部の代表的な例である．　275

スロ 30770
〔スロ 34〕

スロ30750〔241〕を新式化するため昭11・12（1936・37）年度に鷹取・日車・川車で11両製造．おもに「つばめ」，17・18列車などに使用された．特ロ出現以前の優秀2等車である．給仕室があって定員60人． 276

スロフ 31050
〔オロフ 32〕

スロ30850〔274〕の緩急車型で，内部の構造もほとんど同じ．ただ定員が60人となっている．スロ30850と同じ理由で原形が変化している．昭9〜12（1934〜37）年度，日車・日支・汽東で11両製造された． 277

スロハ 31500
〔スロハ 31〕

スロハ31450〔244〕を丸屋根化したもので，前位寄りに2等室（定員36人）と便所・洗面所，後位寄りが3等室（定員40人）となり，腰掛はいずれも横形（固定式）．昭7～12（1932～37）年度に日車・田中で38両が製造された．

278

スロハフ 31750
〔スロハフ 30〕

スロハ31500〔278〕の緩急車型．定員は2等室36人だが3等室は車掌室をとる関係で32人となっている．昭7（1932）年度に田中で3両が製造された．

279

スハ 32800　　スハ32600〔246〕の細部を改良し丸屋根型として昭7～17(1932～42)年　　280
　〔スハ 32〕　度に小倉・大井・大阪鉄工他8社で727両製造．小倉の試作車にはウィ
　　　　　　　ンド・ヘッダーが見えない車があった．

スハ 32800（北海道向）　戦後は北海道向けの車両は別形式となったが，当時は同一形式に含まれ
内部　　〔スハ 32〕　ていた．〔269〕とともに二重窓の車両の構造を知るよい材料である．　　281

スハ 33000
〔オハ 34〕

特急「富士」専用車として昭10・11（1935・36）年度に汽東・大井・鷹取で12両製造．定員を80人にして腰掛の間隔を広くとった特急用にふさわしい車両である．しかしこの形式番号は他形式の増備に追われ三転四転した．（33000→33900→33980→オハ34）

282

スハフ 34400
〔スハフ 32〕

スハ32800〔280〕の緩急車型．昭7～16（1932～41）年度に大阪鉄工他7社と大宮・鷹取で311両製造．製造年が広窓車のオハフ34720と重複しているが，それらはすべて二重窓の北海道向けである．

283

スハユ 35300
〔スハユ 30〕

この形式は本来は二重屋根・魚腹台ワク使用車〔230〕でしめられていたが，昭15（1940）年にスハニ 35700〔285〕を改造した車両が編入されたため，同一形式内に構造が全く異なった車両が存在する．

284

スハニ 35700
〔スハニ 31〕

前位寄りが定員50人の3等室．後位寄りに荷重5tの荷物室をもつ典型的な荷物合造車．新製時に特急「つばめ」に組み込まれ1号車として活躍した車には，3等でも網戸があった．昭7〜13（1932〜38）年度に日支他2社で28両が製造された．

285

マユ 36100
〔マユ 32〕

最初の丸屋根20m鋼製郵便車で，昭15（1935）年，日支で3両が製造された．

286

マユ 36120
〔マユ 33〕

逓信省所有車として昭12・13（1937・38）年度に汽車他2社で16両製造．幕板に初めて採光用の窓が設けられ，斬新な感じを与えていた．

287

マユ 33103 ＊　　マユ33〔287〕を昭28（1953）年に大宮・大船で改造した本形式中の異　288
　（昭16制定）　　端車である．

マユ 36150　　逓信省所有車であり，昭13（1938）年度川車・田中で4両が製造され
　〔マユ 34〕　　た．　　289

マユニ 36250
　〔マユニ 31〕

昭10・11（1935・36）年に川車・汽東で13両製造．前位寄りが郵便室で荷重7t，後位寄りが荷物室で荷重6t，中間に便所・手洗所が設けられている．

290

マニ 36750
　〔マニ 31〕

鋼製20m荷物車の典型で，荷物室は容積 90.3m³ で14t積載できる．昭7～13（1932～38）年間に梅鉢他7社で54両が製造された．

291

マニ 36750 内部

積卸しに際して車両各部を保護するための装置が荷物車内部の特徴である．

292

マニ 36820
〔マ ニ 32〕

戦前に製造された最後の荷物車．荷物車ではあるが外観はすっかり洗練され，36836号車までは当時の2等車・3等車と同じく，車体構造に長柱を採用，側板が屋根に張り上げられ，雨ドイを止めて水切りがつけられている．昭15～17（1940～42）年に汽東・川車で34両製造．荷重は14t．

293

マニ 36750
〔マ ニ 31〕

この形式の中で昭13・14（1938～39）年に梅鉢・汽東・川車で製造された14両は，車掌室寄に便所を備え，実質的にはマニ36820〔293〕と同構造であった．戦後マニ32に形式変更された．

294

マロネ 37400
〔マロネ 37〕

丸屋根型最初の2等寝台車で，構造・定員は37300〔234〕・37350〔265〕とほぼ同じであるが，全体から受ける感じはずっと明るいものとなった．昭8（1933）年以降46両が製造されている．

295

マロネ 37400 寝室内部

寝台上段は昼間には舟底型のオオイの中に収められているため，外部からはわからない．天井の金具は夜間用のカーテンの釣具である．

296

マロネ 37400 洗面所内部

マロネ 37480　昭9（1934）年に，上野・青森間急行201・202列車のイネを廃止した代　298
〔マロネ 38〕　替に，区分室付ロネが製造された．昭10（1935）年に日車・川車で7両
　　　　　　　竣功し，同年10月から上記の急行，翌年からは函館・稚内港間にも使用
　　　　　　　された．前位寄りから給仕室・便所・4人区分室が2室，喫煙室・洗面
　　　　　　　所を境にして開放式の長手寝室があった．

マロネ 37480 区分　4人用区分室の内部で，窓下に折たたみ式テーブルが取り付けられるよ
寝室内部　　　　　うになっている．　299

マロネロ 37600
〔マロネロ 37〕

長距離普通列車（現行の準急級）で，寝台利用客の少ない列車には従来はナロネが連結されていたが，編成が鋼製化するに従い，その代替車として製造されたもの．昭11～14（1936～39）年度に大宮・日車・川車で35両竣功．前位寄りに寝室があり，定員12名，2等室は転換式腰掛で定員は32人．

300

スロシ 38000
〔スロシ 38〕

札幌局管内のスロシ不足，門司局のマロシ転出に伴なって昭8～10（1933～35）年に小倉・鷹取・日車で15両が製造され，すべて九州・北海道で使用された．前位寄りに転換式腰掛の2等室があり，次が食堂（定員18人），後位寄りが調理室であった．〔434・435〕

301

スシ 37800
〔スシ 37〕

丸屋根型最初の食堂車で，構造・定員などは在来車とほぼ同じであるが食堂内は丸屋根となったため広々とし，設備・装飾も洗練され，明るい車となった．〔372・429〕

302

スシ 37800 内部
〔スシ 37〕

二重屋根型〔271〕に比べて新しい照明器具，壁のようすがよくわかる．

303

304

マヤ 39900
〔マヤ 37〕

列車運転用試験車オヤ6650* が旧式化したため，その代替車として瀬田川事故のマイネフ 37200* の車体を利用し昭12（1937）年大井で竣功した．

マヤ 39900 内部

車内の機器類はオヤ6650のものを利用したものが多かったが，その後全面的に更新され，現在では全く新式化している．これは昭35（1960）年の改造後のものである．

305

マヤ 38

マヤ 39900 の戦後の形態で，昭35（1960）年の改造前のもの，番号はマヤ 371 をへて現行のものに移っている．

306

蒸気機関車にけん引される下関行各等急行列車　昭8（1933）年，阪神間での撮影である．この区間はすでに電車が運転されていたが，旅客列車はまだ蒸気機関車でけん引されていた．展望車は木製のオイテ27000〔155〕である．　307

特別急行列車「つばめ」号　京浜間で撮影された下り列車である．この区間は大14（1925）年より電気機関車が使用され，戦前すでに沼津までが無煙運転区間となっていた．　308

141

広窓の採用

昭13（1938）年から全面的に採用された広窓は，外観はもちろん内部にも明るい感覚をもちこんだ．また，電気溶接を大巾に採用した結果，リベットが全く見られない車両も製造され，客車の形態には大きな変化があらわれるようになった．しかし，丸屋根採用当時すでに話題にのぼっていた切妻はこのときも採用されず，その実現は次の時代にもちこされた．

スロ 30960　　　　　　　　　　　　　　　　　　　　　　309
〔オロ 36〕

広窓化の波にのって作られた最初の2等車．1.3m の窓巾は当時の最大で展望車よりも広かった．内部は横型腰掛（固定式）で定員64人．特急「つばめ」にもスロ30770〔276〕と半々に連結された．昭13・14（1938・39）年日車で38両竣功．

スロ 30960 内部　　　　　　　　　310

オロ 31120
〔オロ 40〕

スロ30960〔309〕に続いて製作された広窓の2等車．窓巾はガラスの規格で100mm狭くなった．昭13(1938)年以降はこの形態が2等車の標準となり，戦後もオロ41〔387〕出現まで量産された．内部は横型腰掛（固定式）．定員64人．昭15〜17（1940〜42）年に日車・新潟・田中で37両が製造されている．

311

スロフ 31100
〔オロフ 33〕

スロ30960〔309〕の緩急車型で，給仕室も設けられ，特急「かもめ」にも連結された．定員56人．昭14(1939)年日車で5両が製造されている．

312

スハ 33650　　国鉄車両中で1形式最大両数をもち，長い間3等車の標準となっていた　　313
　〔オハ 35〕　車両で．昭14（1939）年最初の丸屋根広窓車として製造されて以来，戦
　　　　　　　争による中断期間はあっても同25（1950）年まで12年にわたり1,308両
　　　　　　　が製作されている．省工場を初め各社で長年月にわたり製作したため同
　　　　　　　形式でありながら形状は多種多様である．

　　　　　　　スハ32800〔280〕に比べて窓巾が大きくなったため，内部はいちだんと
スハ 33650 内部　　明るくなっている．　　314

スハ 33650　　　　　写真の形態がこの形式の中で標準的な構造である．　　　　　　　315
〔オハ 35〕

オハ 35391*　　　　初期に製造された車で，ウィンドヘッダーが幕板裏面に溶接されている
　　　　　　　　　　ため窓周りが他車と異なっている．　　　　　　　　　　　　　　　316

スロハ 31550
〔スロハ 32〕

スロハ 31500〔278〕の広窓型で定員その他はほぼ同じ．昭14～16（1939～41）年度に日車他3社で72両製造．おもに長距離優等列車に使用された．戦後北海道用は2重ガラスに改造・改番されている．

317

スハフ 34720
〔オハフ 33〕

スハ33650〔313〕の緩急車型で，昭14～24（1939～49）年度に汽車他6社で606両製造．車体形状等の変化はスハに比して非常に少ない．

318

スハユ 35330
〔スハユ 31〕

丸屋根・広窓の3等郵便車．昭15（1940）年日車で3両製作．戦後2両がスハニに改造されたから現在は1両のみ．定員は3等室48人で，郵便室寄りに便所・洗面所があり，郵便室荷重は3t．

319

スハニ 35750
〔スハニ 32〕

丸屋根・広窓の3等荷物車．この形式から以後3等荷物合造車にも洗面所が設けられ，定員は48人になった．荷物室荷重は5t．昭14（1939）年度に日支で65両製造．

320

スイテ 37040　　新製された唯一の丸屋根型展望車．重苦しい感じの桃山式屋望車〔257〕　321
〔スイテ 49〕　　に対して清新な車とすることにつとめ，昭13（1938）年9月大井で竣功．
　　　　　　　　特急「富士」専用として使用され，好評を博した．竣功当時の定員は展
　　　　　　　　望室（自由席）11人，1等室16人．

スイテ 37040　　二重屋根型の内部〔259・260・261〕と比較すると近代的な感覚がうかが
1 等室内部　　　われる．　　　　　　　　　　　　　　　　　　　　　　　　　　322

スイテ 37050 〔スイテ 37〕	特急「かもめ」専用車とするため昭14（1939）年に大井でオイテ27000〔155〕を鋼製化したもの．1等室には区分室があったが，開放式の1等室と展望室との間に仕切りがない．当初はＴＲ71を使用したが，戦後は動揺が激しいのと冷房装置取付けの関係上からＴＲ73に交換された．	323
スイテ 37050 内部	手前両側に2脚ずつあるヒジ掛ケ椅子は指定の1等座席．小卓から先の両側5人ずつ計10人の安楽椅子は定員外の展望席である．	324

マイロネフ 37290　　戦前おもに皇族の貸切専用車として使用された御料車につぐ優秀車．当　　325
〔スイロネフ 38〕　　時の技術の粋を集め昭13（1938）年鷹取で3両が竣功した．

マイロネフ 37290 内部

内部は豪華なもので，1等室は回転椅子・小卓を備え，専用の化粧室・便所をもつ寝室で，2等室はわが国では非常に珍しいプルマン式寝台であった．

326

マイロネ 391*　　マイロネフ37291*は戦後冷房装置が施され，手ブレーキを撤去
　　　　　　　　したため形状称号が変更された．

327

スシ 37850
〔マシ 38〕

戦前最後の豪華食堂車であり，また国鉄最初の冷房装置車でもある．昭11〜13（1936〜38）年に大井で5両製造．マシ37850*は冷房装置を施して特急「つばめ」に使用された．

328

スシ 37850 食堂内部

従来の食堂車とくらべ洗練され，落着いたふんい気をもっている．両側窓上の片持灯は当時の流行の尖端であった．

329

地方鉄道の鋼製車

330

産業セメント鉄道オハフ1

昭7（1932）年に田中で製造された省規格を採用した車両．買収車両の中で標準型の鋼製車の形式をあたえられた唯一の例である．以後オハフ361*となり，今なお九州線内で使用されている．

夕張鉄道ナハ150

昭12・15（1937・40）年に2両ずつ日支で製造．部品には省標準設計のものが用いられているが外見上は独自の形態である．近年は気動附随車として使用されている．

331

美唄鉄道オハフ1

省客車の影響が強く，17m鋼製車の系列に属する．昭10（1935）年日支で3両製造された．

332

湊鉄道ナハニフ21

昭4（1929）年，日支で2両が製造．外形には当時量産された東武鉄道の電車の影響が強くあらわれている．現在も茨城交通湊線で使用されている．

333

飯山鉄道フホハ21

昭3（1928）年，日支で3両製造．外観は電車に近いが，出入口付近の他は横型腰掛．買収後は，ナハ2390をへて配給車に改造された．

334

相模鉄道オハ11

昭18（1943）年，汽東で製造された時から長手腰掛・釣革付であった．買収後はナハ2380となり，後に出入口を増設し，救援車となった．

335

戦時中および戦後の混乱期の客車

日華事変から太平洋戦争へと拡大した戦火は，創業以来，旅客・貨物の2本の柱が受けもってきた比重を大きく変化させた．軍需生産中心に切換った産業政策によって，鉄道車両の中心を貨物用機関車・貨車に転換することを余儀なくされ，昭18（1943）年以降，客車の新製は中止されてしまった．この間におけるしわよせは当然まず優等車にあらわれ，降格・改造があいついだが，事態の悪化によって，さらに従来は腰掛につきうる人数をもとに定めていた客車の定員に，立席が加わることになった．また多数の乗客のじん速な輸送と乗降をはかる目的から，通勤用客車という新しい車種があらわれている．

しかし，戦災と敗戦に伴う産業界の混乱は，やがて車両の荒損という不測の事態を生み，ついに従来の概念ではとうてい考えられないような客車が使用される時代が出現するまでになった．

格下げされた優等車
〔ハナロフ21200〕

鋼製優等車の増備によって多くの僚車が降格し改造された中にあって，最後まで優等車の位置を失なわなかった車も，ついに3等代用車として使用されることになった．

336

格下げされた優等車の内部
〔ハナロフ21200〕

3等代用車として使用された優等車では，背ズリ上部のマクラが最も早く破損したのをはじめ，各部の荒損が目立つた．

337

室内を通勤用に改造したナハ 22000

混雑対策の一環として車体外形には手をつけず，内部のみを改造し釣革・長手腰掛付とした3等車も出現した．

338

室内を改造した3等車

同じく混雑対策のため客室中央に片側12人分の横型腰掛を残した以外は〔338〕と同様の改造が施されている．

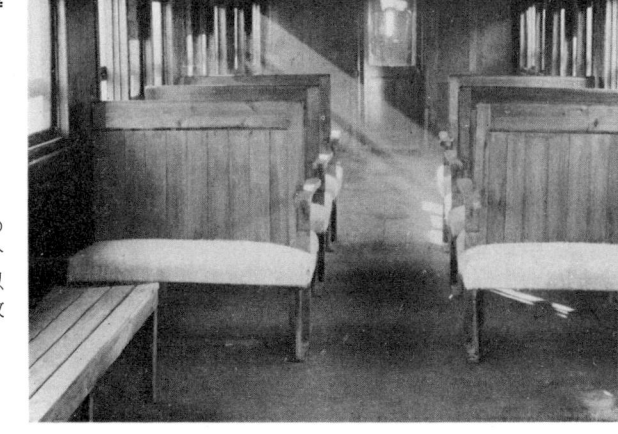

339

ナハ 10000

残存していた中型2軸ボギー優等車で，腰掛を3等用に取替えられた車両は，前歴外形を問わず，同一形式にまとめられた．

340

オハ 28100

優等車整理の方針を前にして，木製最後の1等座席車オイ27800〔170〕も降格改造の運命をたどったが，木製3等車としては最後をかざり，昭和31年の木製車お別れ会に主役をつとめた．

341

ナハ 22000

大型2軸ボギー優等車で，腰掛を3等用に取替えた車両はナハ22000・ナハフ24000に編入された．

342

ホハ 13020

混雑対策として鋼製車では，室内を改装するだけであったが，木製車では，室内・室外ともに徹底的に改造された車両が出現した．本形式の原型は ホハ 12000〔103〕である．

343

ナハ 13500

ナハ 12500 を対象にして，引戸付の側出入口を増設し，室内にも大規模な改造を加えた通勤用客車で，両数は18両に達した．

344

ナハ 13500内部

横型腰掛を長手腰掛に改め，釣革を取りつけたばかりでなく，便所・洗面所も撤去して乗車人員の増加がはかられた．

345

オハ 27050　　僚車がマニ 29500 に改造されて両数を減じた往年の「富士」用の食堂車　346
　　　　　　　オシ 27700 も，混雑対策に伴なう車種改造の例外にはならなかった．

　　　　　　　多くの期待をあびて登場したスハネ 30000, 30100〔272〕が全車3等座
　　　　　　　席車に改造されたのは，昭16（1941）年で，これが優等車改造の第1陣
オハ 34　　　　であった．　　　　　　　　　　　　　　　　　　　　　　　　　　347

マハ３７ 昭19（1944）年にマイネ37〔232〕の全車両の改造を目標にして工事を 348
おこしたが，実現したのはわずか3両，しかも2両が戦災で焼失したた
め昭29（1954）年，マハ29に統合されるまでは1形式1両であった．

スハシ４８ スシ37〔270〕の料理室の仕切と設備の一部を残し，代用食やパン類の 349
販売用にあてた特殊な3等車．外形はスシ時代のままで，出入台を欠い
ていたから，旅客扱いの点では非常に不便であった．

159

マハ４７ マロネ37・マロネフ37・マロネロ37・スシ37を対象にして室内を徹底的 350
に改装し，出入台寄には長手腰掛・ツリ手が取付けられた．これで定員
は100人となり．従来20mの３等車に比して12名の増加となった．

マハ４７ 本形式への改造の際には，窓割りとは関係なく横型腰掛を配置したため 351
背ズリの位置と窓柱は一致しないことが多かった．〔350〕はスシ37，〔3
51〕はマロネロ37〔300〕の改造である．

戦災をうけた マロネロ37

昭19年から始まった連合軍航空機の反復攻撃によって，各地で多数の車両が焼失・破壊され，僅か1年以内に総数2,228両の客車が失なわれた．

352

客車代用に使用された貨車

戦災の痛手に加えて，残存車両を整備する資材が極度に不足し，故障車の修理がはかどらなかった昭20〜22年には，ついに貨車を客車代用に使用するまでになった．

353

荒廃した3等車の内部

はげしい混雑によって，車両の破損は急増したが，整備ははかどらなかった．窓を板張りとし，座席に目の荒い布地を使用したのは上の部で，ガラスは破れたまま，腰掛は板ばりという場合も珍しくなかった．

354

オハ 70

戦災をうけた17m型客車・電車の鋼体・台ワクを利用して，応急的に製造した3等車．種車が客車の場合には側出入口2カ所，電車の場合には3カ所を原則としたが，実際には異型車がかなり存在している．

355

再用した鋼体の破損状態，製造工場の事情によって，戦災復旧の3等車の外形は多種多様であったが，20m型では側出入口3カ所が標準であった．

オハ 77

356

オハ 77 内部

資材・工数を節減し応急の用にあてるため，戦災復旧車の内部には必要最小限の設備しか設けられていなかったので，3等車としての寿命は短かかった．

357

オハ 35661*

混雑緩和策として昭21年以降，急速に増備されたオハ35の中には，台車の製造が間に合わず，応急措置として戦災車のTR11を使用したものがある．

358

オハフ 71

新製車が増加するにつれて戦災復旧3等車の用途はせまくなり，昭25年ごろからは客車番号のままで荷物車代用として使用される車両が増加した．

359

オハ 7111*

戦災をうけたクハ55形電車の鋼体が再用されているが，若干の手直しを除けば電車時代の面影をよくとどめている．

360

スニ 70　　変型車の多い戦災復旧車の中でも異色の存在で，3等車と共に不足がはなはだしかった荷物車を救済するために，17m型戦災客車・電車の鋼体を再用して作られたが，寿命は3等車に比してはるかに長く，今なお使用されている．　　361

マニ 71　　スニ70と同じく昭22〜24年の製造で工作の程度が悪く応急用の域をでなかったが今なお使用されている．　　362

マニ 72

昭25年に戦災電車の台ワク・台車を再用し，車体を新製したもので，戦災復旧車の中では最も程度のよい車両である．

363

オユニ 70

スニ72とともに戦災復旧車の中では最後期に竣功したため，すぐれた出来栄えをしめす．再用台ワク・台車が17m客車であるため，スニ72とは窓の高さが異なっている．

364

マニ 77

3軸ボギー客車の鋼体を再用し，スニ70・マニ71と同じ用途にあてるため昭22年に竣功．今なお使用されているが他形式に比して見劣りが著しい．

365

スヤ 71

戦災電車 クハ 55069* の鋼体を再用し，昭22年川車で竣功した振動試験車．車内には荷重変更にあてる目的から水槽がある．

366

165

駐 留 軍 専 用 車

昭和20（1945）年9月，連合軍は進駐と同時に占領政策施行上で必要な車両の指定を開始し，その管理・運用を第3鉄道輸送司令部の管轄とした．指定は展望車・寝台車から荷物車・郵便車に至るまで，ほとんどの車種に及び，同22年2月には，当時の国鉄客車の約1割（約900両）に達するほどであった．

駿河湾岸を走る　駐留軍用急行列車

日本人用の車両の荒廃が目につくとき，特別に整備され後部標識をかかげた専用列車は，敗戦の痛手にあえぐ鉄道の中にあってあまりにも特異な存在であった．

367

ナロネ 20100

駐留軍は残存していた優等車を次々に接収したが，その中には木製2軸ボギー寝台車も含まれていた．

368

マロネロ 3721 *　　駐留軍に接収された優等客車でも，昭21年前半までは固有の形式・番号　369
　　　　　　　　　を使用し，U.S.ARMYと標記しただけであった．しかし昭21年6月，
　　　　　　　　　軍番号が設定されてからは白帯が使用され，車体外側中央には軍番号が
　　　　　　　　　標記された．

マロネロ 3721 *　　駐留軍使用車には室内を改装したものが多く，その状態も多種多様で工
　2　等　室　内　部　　事関係者をなやませることが多かった．　　　　　　　　　　　　　　370

マロネロ 3730 *

駐留軍使用車には，1車ごとに固有の名称がつけられた．軍番号設定当初は車体外側中央に軍番号と固有の名称以外の記入を許さないほど，その運用の管理は厳重であった．

371

スシ 37

車体外側の白帯に記入される文字は，昭21年11月以降 ALLID FORCES と変った．駐留軍用客車の中でも食堂車はとくに管理が厳しく，また冷房装置取付などの工事を強制された．

372

スイネ 341*

減産がはなはだしく，産業界に深刻な影響をあたえていた石炭の増産対策をねるため来日した炭鉱調査団の専用車とするため，スハ32〔280〕を種車として，昭22年に長野で改造された一種のインスペクションカーである．

373

オミ46

駐留軍用車の中には通信車・衛生車・販売車・酒保車など，それまでの客車とは全く異った用途をもつものがある．これらの車両は一括して「ミ」の記号で整理された．この形式は販売車．

374

ホシ80

部隊輸送用としてワキ1の室内に流シ・冷蔵庫・テーブルなどを取りつけた調理専用車．部隊料理車とよばれ，簡易食堂車・部隊用寝台車と組合せて使用された．

375

チホニ900

駐留軍用雪カキ自動車の運搬用にあてるため，戦災をうけた木製車の台ワク・台車を再用したもの．軍用運搬車とよばれた．UF12，TR11付を原則としたが，種車として雑型の台ワク・台車を使用したものもある．

376

スハネ 3 2

部隊輸送の必要から生れた形式で，スハ32〔246・280〕改造車をスハネ32，マハ47〔350〕改造車をマハネ37と称した．寝台数はともに32で簡易食堂車・部隊料理車〔375〕と組合せて使用された．

377

マハネ 37 内部

従来の3等用腰掛を撤去した後に取り付けられた簡易寝台の上段は固定式（折りたたみは可能）であったが，下段は取りはずすことができる．

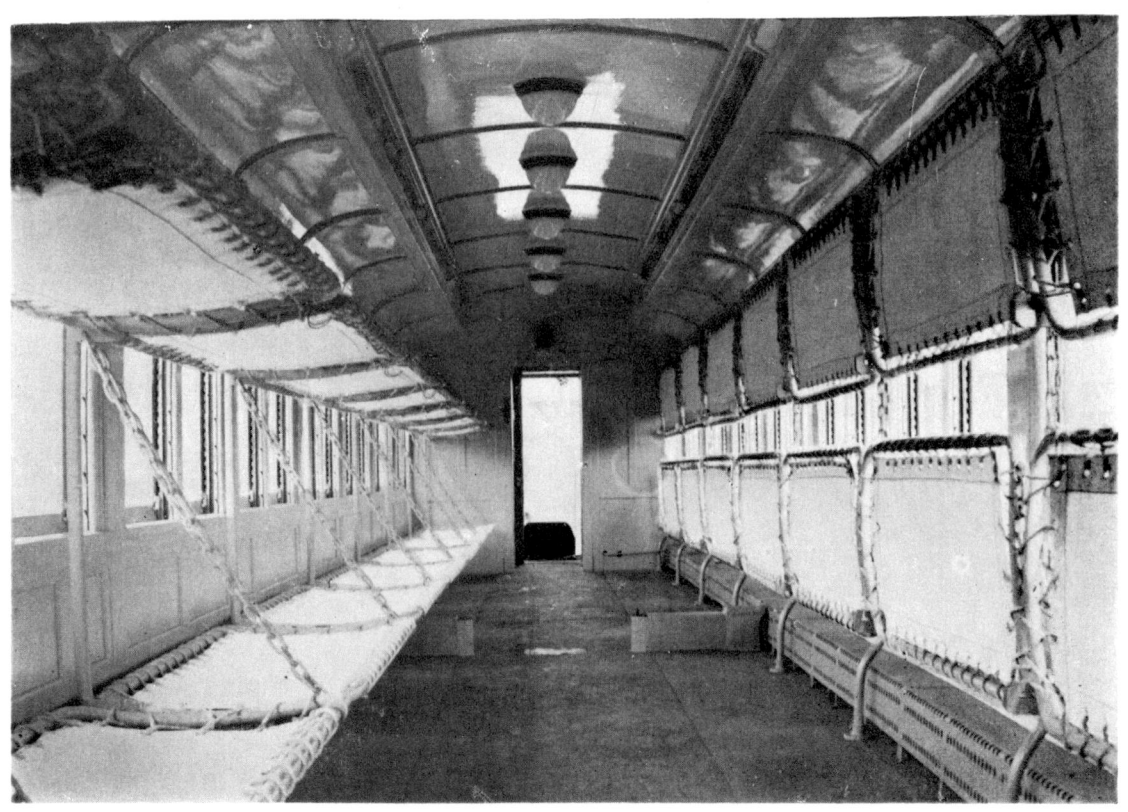

378

マロ 37

昭21年駐留軍用としてマロネロ37〔300〕から2両改造されたが，返還後も旧態に復することなく引続いて使用されている．

379

スロニ 31

昭24年以降，駐留軍用車は少しずつ返還され旧態に復されたが，若干の車両はそのままの形態で使用された．スロニ31はスハニ31・32・33・34の3等室に2等用腰掛を取付けたため，座席と窓柱の関係が不揃いである．

380

軍 番 号

設定当初は車体中央には軍番号と固有の名称以外は記入させなかったが日本側の要求を容れてやっと記号だけは記入させるようになった．写真右は軍番号設定直前に省番号のまま固有名称を標記した当時のもの．

381

戦後の新製客車

　戦災による損失と残存車両の荒廃による極度の車両不足を補うため，昭18（1943）年以来とだえていた客車の製造が，昭21年から再開された．

　初期の車両は落成が急がれたため，車体は戦前の設計のままとし，台車は戦災車のTR11，TR23などを流用した場合もあったが，間もなく戦前から論議された切妻が工作の簡易化を考えて採用されたほか，技術保存の政策も加えてコロ軸受が使用されるなどの新機軸があらわれた．

　しかし，占領下にあるという特殊事情から，駐留軍の政策という従来は考えも及ばない条件が加わったため，新製車の車種，両数の決定には多くの制限がついていた．その中には，外人観光団輸送を名目として新製を余儀なくされた1等寝台車〔382・383〕や特別2等車〔467〕が含まれている．だが，1等寝台車はとも角，特別2等車は2等の設備を飛躍的に向上させ，以後の優等座席車製造の方向を決定させたのはまことに皮肉な現象であった．

マイネ40

昭23（1948）年に日車・川車で21両が製造された1等寝台車．冷房用の風道を組込んだため屋根の高さが車両限界一杯まで増大し，特異な外形となった．内部は前位寄りに2人用区分室をおき，後位寄りはプルマン式の開放寝室である．当初からケイ光灯照明を採用したが，TR34は乗心地を考え後にTR40と交換された．

382

マイネ41　　昭25（1950）年日車・川車・近車で12両製造．寝台車としては初めての片出入台式で冷房装置も取り付けられている．外人観光客輸送を第一の目的とした関係から，内部の塗りつぶしを初め，洗面所・便所を男女別にわけて両端に設けるなど，従来の寝台車とは構造的に変っている．　　383

マイネ41内部　　寝台はすべてプルマン式で定員は24人．照明はマイネ40のケイ光灯の故障に手を焼いていた関係から白熱灯を採用した．寝台間の仕切りを背ズリの間から取出せるようにしたのも新しい試みである．　　384

スロネ30　戦後初の新製2等寝台車で，寝室の構造はマロネ39〔425〕と同様区分室　385
であったが，各部に改良が加えられている．便所使用知らせ灯を初めて
採用し，昭26（1951）年近車で10両製造された．

オロ40　昭15～17（1940～42）年に新製された形式〔311〕の増備であるが，戦後　386
の新製車では車体が切妻型となり，台車にはコロ軸付のTR34が採用さ
れた．またオロ4098～102はジュラルミン製車体をもつ試作車である．

オロ 4 1　　昭23（1948）年に川車で15両製造．オロ40とは異なり，腰掛が転換式となったので，窓は細窓となる．台車はTR34であるが，オロ416*だけは試作台車OK-Ⅱをつけている．定員60人　　387

転換式腰掛を使用した2等車の中では腰掛の間かくが最も広く，サービスの向上が図られ，急行列車に使用されたが，内部構造自体は戦前のものを踏襲したにすぎない．

オロ41 内部　　388

175

スロ 5 0　　スロ60〔467〕についで昭25（1950）年に大宮で鋼体化工事中の台ワクを　　389
　　　　　　使用して改造された特別2等車．しかし，新製車の予算で工事を行なっ
　　　　　　たため，スロ61として竣功直後スロ50となった．定員は48人．

　　　　　　特別2等車の中ではリクライニングシートの間かくがスロ50と共に最も
スロ 5 1　　せまく，定員はスロ60〔467〕に比して8人も多く52人．昭25（1950）年　　390
　　　　　　近車ほか7社で60両新製され，全国の急行列車に使用された．

スロ 52	スロ51〔390〕を二重窓とした北海道用の車両で，両数は12両．当初はスロ51の番号を付けていた．	391
スロ 53	昭26（1951）年に近車と日車で30両製造．スロ51〔390〕の改良形で，内部構造の基本は変化していないが，リクライニングシートの間かくに多少ゆとりをとったため定員は48名．外観上ではスロ60〔467〕と同じく広窓を採用したので，明るい感じのものとなった．	392

スロ 5 4　　昭27〜30（1952〜55）年に日車他2社で製造．構造的にはスロ53〔392〕と同様であるが，照明がケイ光灯となり，荷物棚など細部に改良が加えられている．台車はTR40Bである．（写真は試作シュリーレン台車）　　393

スロ54 内部　　スロ54では，天井中央のほかリクライニングシート1組につき1つの割合で座席灯がつけられている．　　394

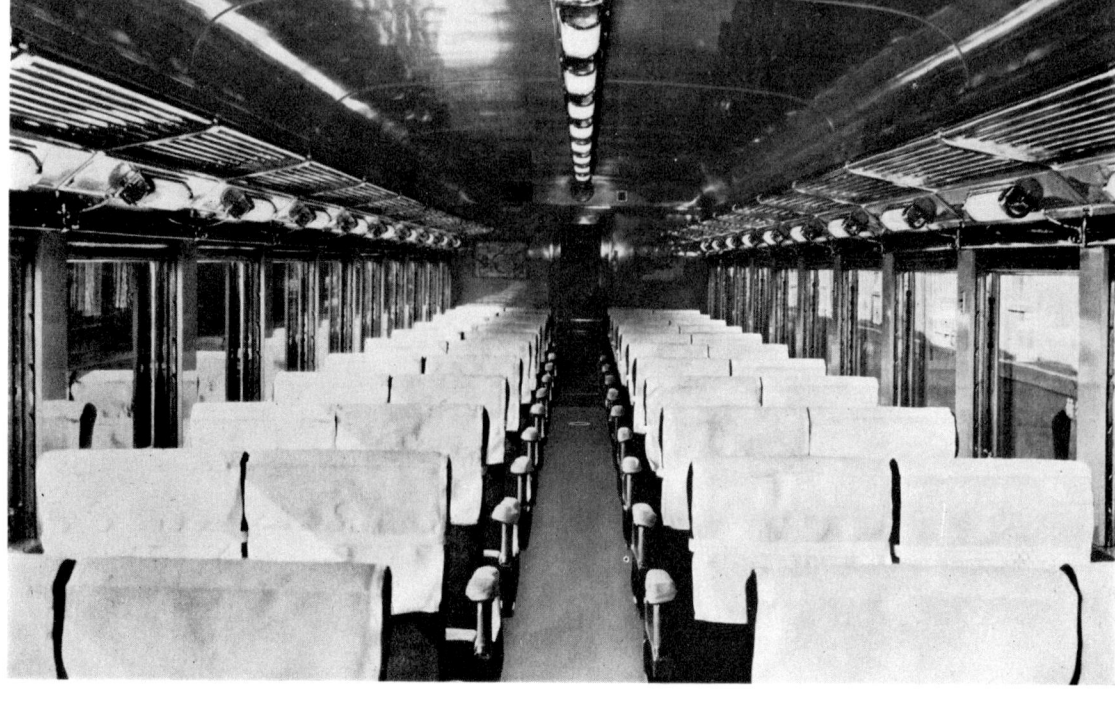

マシ 3 5

昭26（1951）年にカシ36とともに戦後初めて製造された食堂車．車体を全鋼製とし冷房装置取付けのため，従来採用してきた3軸ボギーを優秀な2軸ボギーに置換えるなど各所に新しい試みが施されている．天井板を窓の上縁まで一体的に取り付け，灯具・内部装飾などに近代的感覚をもった苦心が現われている．料理室は石炭レンジ，カシ36は電気レンジであったが後に石炭レンジに統一され，形式もマシ35となった．

マシ 35 内部

オハ 3 5	戦前形設計〔313〕のまま戦後も増備された最後の3等車.切妻となり,後期の車では従来は出入台の部分につけられていたしぼりがなくなった.昭21〜24（1946〜49）年に帝車ほか4社で製造され,最終番号は1308に達した.資材不足の時期に作られたため異型車が多く,中には戦災客車の台車を流用したものもある.	397
スハ 4 2	実質上はオハ35の増備であるが,台車に鋳鋼ワクのTR40を使用したため重量が増加し,別形式となる.昭23〜25（1948〜50）年に日車他3社で140両製造された.	398

スハ　43　　車体外観はオハ35〔397〕の系列に属しているが，台車には新設計のＴＲ　　399
　　　　　　47を採用，昭26〜29（1951〜54）年に新潟他7社で製造され，両数は698
　　　　　　両に達した．

　　　　　　外形に比較して内部では改良のあとが著しく，腰掛背ズリの下部に傾斜
　　　　　　を与え，通路側にもたれを付けたほか，室内灯を2列にして照度を高め
スハ43 内部　ている．また3等車としては初めて便所使用知らせ灯を設けた．　　　400

スハ44 　昭26（1951）年に特急用として使用する目的で34両製造，用途が限定され，混雑も考えられないことから片出入台が採用され，腰掛も背ズリが傾斜し，進行方向に固定された2人掛用となり，小卓がある．日支・汽東で製造．「つばめ」「はと」「かもめ」などに使用された． 401

スハ44
〔はつかり用〕　「かもめ」用の3等車が軽量客車に置換ったため，新に「はつかり」用に整備された車両は，塗色を固定編成客車に準じたものに変更した． 402

スハ45

スハ43〔399〕を北海道向とし，二重窓とした形式で，昭28～30（1953～55）年に新潟他3社で53両製造された．

403

オハ46

スハ43〔399〕の屋根を鋼板とし，内張りの合板を薄くし軸箱の軽量化などを図った結果オハとなった．新製は60両だけで他はスハ43のうち軽いものの改番である．

404

スハ44 内部

一方向き2人掛で戦前の「さくら」用3等車のスハ33900〔248〕と変らないが，細部には改良が加えられている．

405

オハフ 3 3 オハ35〔397〕の緩急車型．昭22～24（1947～49）年にかけて，新潟・日車および日立で製造，最大番号は606に達したが，後にマイネ40〔382〕と台車を交換したスハフ41を加え，両数は増加した． 406

スハフ 4 2 スハ43〔399〕の緩急車型．鋼体化の緩急車と同様，車掌室と客室の間に出入台をおく構造である．昭26～30（1951～55）年に汽東他6社で335両製造．昭35（1960）年度以降近代化工事を施工中である． 407

スハフ 43　スハ44〔401〕の緩急車型．昭26（1951）年に汽東で3両製造，「かもめ」の運転開始にともなってその専用となったが，後に「はつかり」に転用，写真は「はつかり」用として使用中の状況である．　**408**

スハフ 44　スハフ42〔407〕を北海道向としたもので，昭27・29（1952・54）年に日車，川車および汽東で27両が製造された．　**409**

185

オハフ 4 5　　オハ46〔404〕の緩急車型．昭30（1955）年に日車で25両製造された．　　410

スハニ 3 5　　特急用として昭26（1951）年に帝車で12両製造．荷物室には当列車乗客の手荷物を収容するために3段の棚が取りつけられ，窓がないのが外観上の特色である．　　411

マユ 3 5	昭23（1948）年にマユ34［289］の増備として日支で15両製造．24年に内部を改造してマユ35となった．中央部に鉄道郵便局員用の休ケイ室をおき，両側にそれぞれ郵便区分室・締切郵袋室がある．	412
オユ 3 6	昭24（1949）年に日支で6両製造された郵政省所有の郵便車．当初は前位寄に休ケイ室と郵便区分室，後位寄に車掌室・締切郵袋室があったが，29・30年に5両が改造され，片出入台式となり，中央に休ケイ室と郵便区分室，両側にそれぞれ締切郵袋室が設けられた．	413

オユ４０

昭26（1951）年に近車で3両製造された郵政省所有の**郵便車**．内部は改造後のオユ36［413］と似ているが，31年の改造でスユとなり，締切郵袋室の容積が増大したほか，オユ36から1両加わり，総数4両となった．

414

スユ４１

昭27（1952）年に日支で2両製造された郵政省所有の郵便車．内部はオユ40とほとんど同じであるが照明にはケイ光灯が使用されている．

415

スユ４１郵便区分室内部

右側は通常郵便用区分棚，左側が速達用区分棚・押印台などである．右手前の網棚は小包区分に使用される．

416

188

スユ 4 2　　昭28～30（1953～55）年に日車で12両製造された郵政省所有車．内部の　　417
　　　　　　構造はスユ41［415］と同系であるが，締切郵袋室が広くなった．最初の
　　　　　　6両はＴＲ23であるが，他は防振ゴム付のＴＲ40．

　　　　　　　この形式の中で昭29・30（1954・55）年製造の3両には，一部の窓にＨ
スユ4214*　ゴムが使用されている．幕板の窓は固定となり，腰板に外気取入口が設　　418
　　　　　　けられた．

スユ 4 3　　昭31（1956）年に日支で6両製造された郵政省所有の郵便車．スユ42　419
〔418〕で採用されたTR40は再びTR23に戻り，締切郵便専用として使
用されることなどで見栄えのしない外観となった．

スユ 43 締切　　中央に添乗の鉄道郵便局員用の休ケイ室をおき，その両側に大容積の締
郵袋室内部　　切郵袋室がおかれている．　　　　　　　　　　　　　　　　　420

マニ 3 4　　インフレに伴う莫大な現金輸送の必要から，昭23（1948）年，日支・帝　421
車で6両製造された日本銀行所有の荷物車．中央部に警備員添乗室をお
き，その両側に現金を収容する荷物室が設けられている．

**マニ34 警備員　**当初は3段の寝台を2組取付け　　　**マニ34 荷物　**現金輸送の安全をはかるため，
添乗室内部　　ていたが，昭33年にリクライニ　　　**室内部**　　窓は内部から鉄板で締切り，扉
　　　　　　　　ングシートと取替えられた．　422　　　　　　　　　は厳重に閉鎖されている．　423

戦後の改造客車

　新製車の竣功が軌道に乗るにつれて，従来使用されてきた車両そのままでは具合が悪いものも生じてきた．また，営業政策の変化に伴って新しい車種が必要になった．こうしてこの時代から，従来見られなかった用途が客車運用面に現われてきたのである．

　幹部の視察用に改造されたインスペクションカー・工事車・保健車を始め，ＰＲ用の広報車が出現するなど，事業用車の整備が著しく進んだのも，大きな特色であった．また営業面でも，外人観光団受入れの名目から，新しい種類の車両が新製・改造などによって登場している．

　戦争の落し子である戦災復旧車の装備が改善され，旅客扱い面からほとんどすがたを消したのも，サービス向上の点で特筆すべき事項であろう．

スイ991*

連合軍総司令部（GHQ）民間運輸局（CTS）が各地視察用として国鉄に改造を命じたもので，戦後放置されていたスシ3712を昭23（1948）年に改造してスイネ391とし，特別職用車（インスペクションカー）の制度ができたときその4号となった（スヤ391と改称）．講和発効後は長期休車のまま スイ481，スイ991と改番がつづき，昭34（1959）年廃車された．

424

マロネ 39　昭24（1949）年まで日本人用の2等寝台車の使用は許されなかったが，昭25年にマハ47〔350〕から3両を改造することが認められた．室内構造は定員増加などの理由で区分室とし，また片出入台の方式が採用された　**425**

スロハ 38　昭26（1951）年に，ローカル線用の2等車の両数確保と整備を目標に，マハ47〔350〕から改造されたもの．便所・洗面所はマハ47のものを流用したため，2・3等合造車の型を破り，2等室の出入台寄のみにある．　**426**

スロハフ 31

駐留軍用の指定を解かれたスイロフ30〔238〕は，一旦はスロフ34と形式を改めたが，昭28（1953）年，元の1等室を3等室に改造し，32名分の横型腰掛を取りつけ，新形式スロハフ31となった．2等室はそのままであった．

427

スシ 48

料理室付3等車として変則的に使用されていたスハシ48〔349〕を，近代的な食堂車に再生する工事の結果生れたが，種車が二重屋根のものは丸屋根に改め，冷房取付けの準備工事もあわせ行なわれた．写真は二重屋根改造車である．

428

スシ28　駐留軍用として使用されていたスシ37〔372〕の中で冷房装置の　429
ないものは，昭29（1954）年の形式称号規定の一部改正のさい
スシ28に変更された．この形式の中には戦時中 スハシ48〔349〕
となり，戦後復旧されたものも含まれる．

　　　　　駐留軍用として使用されたスシ37の中で冷房装置付のものと，昭24（19
　　　　　49）年に特急「へいわ」用としてスハシ48・スシ37を改造したスシ47は
スシ29　昭29（1954）年の形式称号規定の一部改正でマシ29に類別された．　430

オハシ30 昭24（1949）年に，急行列車用として使用するためオハ35〔313〕から改造されたもの．食堂寄の出入台は物置となり，定員は3等24人，食堂18人．構造上不備な点も多かったが，戦後最初の日本人用食堂車で，当初は東京・鹿児島間の急行1・2列車用として使用された． **431**

オハシ30 駐留軍用の簡易食堂車であったスハ32〔280〕改造のスシ31を種車として改造されたもの．食堂寄の出入台は車体側板を延長して閉鎖し，完全な片出入台式とした点がオハ35改造車〔431〕との大きな違いである． **432**

スハシ38　　昭27・28（1952・53）年に，戦時中にマロシ37・スロシ38〔268〕からマ　　433
ハシ49になっていた車を3等食堂合造車に改造する工事が長野・旭川で
施工された．食堂定員は18人．乗客専務車掌室・食堂従業員室を設けたの
で3等定員は僅か16人である．

スハシ38　　改造竣功時の総数13両のうち4両は丸屋根．3等の車内設備はスハ43　　434
〔399〕と同じで，サービス改善が図られている．

スハシ 37　オハシ30〔432〕の工事と並行して，五稜郭・盛岡および大宮でスハシ49などを種車とし7両を改造．内部構造はオハシ30に準じたもので，おもに東北線と函館・釧路間の急行列車に組込まれた．　435

スニ 3028* 　スニ30〔229〕の更新修繕の際，雨もり防止などの見地から二重屋根を丸屋根に変更したもの．オロ31〔222〕の中にも同様な改造を施行された車がある．　436

オハユニ71

昭25（1950）年にオハ71の中から20両が長野・土崎で改造されたもので，広窓使用車も含まれる．3等車には珍しい2段上昇窓付であるほか，出入台寄に便所だけが設けられた異例な構造である．

437

スユ72

昭26（1951）年に戦災復旧車スユ71を改造したもの．両数15両．鋼製初期の郵便車と同じく中央に鉄道郵便局員用の休ケイ室をおき，その両側に郵便区分用と郵袋収容をかねた室がある．

438

オユニ71

昭26（1951）年にオハ71から10両が長野・土崎で改造．前位寄に便所を備えた郵便室，後位寄に荷物室・車掌室が設けられている．

439

スユニ 7 2

昭28・29（1953・54）年に土崎で40両改造．種車はオハ71・オハフ71で，内7両は電車台ワクを使用した．中央に便所・洗面所があり，前位寄が郵便室，後位寄が荷物室である．

440

マユニ 7 8

昭28・29（1953・54）年にオハ77〔356〕を種車として旭川・長野で29両改造．内部はスユニ72〔440〕と同じ

441

スニ 7 3

昭25（1950）年に松任・後藤・西鹿児島で34両改造．この写真の種車は戦災電車改造のオハ70であるため幕板がせまく，窓の高さが増している．

442

マニ74

昭25・26（1950・51）年にオハ71を種車として高砂・西鹿児島・松任で19両改造．内14両は電車台ワク使用車で特異な外観を示している．

443

スニ75

昭27・28（1952・53）年に残存していたオハ70〔355〕111両が旭川ほか4工場で改造された結果生れた形式．スニ73〔442〕より荷物室が広く，荷重は11t．

444

マニ76

スニ75〔444〕の工事と平行してオハ71の残存車44両も，後藤・多度津および西鹿児島で荷物車に改造された．マニ74より荷物室は広く，荷重は14t，3両は電車台ワクを使用している．

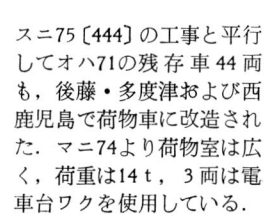

445

スヤ 511*　　　駐留軍幹部の巡視用として昭25（1950）年に大井で事故車 オハフ 3349*
〔スヤ 1*〕　　を改造し，本庁直属とし幹部の視察車（インスペクションカー）とし
　　　　　　　た．称号規定による形式番号のほか，スヤ1という職用車番号をもって
　　　　　　　いた．後に特殊外人視察団用としても使用することになり，スイ461*を
　　　　　　　経てマイフ971*となった．「JNR1」は当時の標記であるが，目立ち
　　　　　　　すぎるというので，3日後には抹消された．　　　　　　　　　　446

スヤ 511*　　　前位寄に料理室・寝室をおき，宿泊のための設備がある．後位寄の展望
展望室内部　　室では会議も行なえる，33年にはさらに改造が加えられ，更衣室・シャ
　　　　　　　ワー室がつき，台車もTR23からTR40→TR57に振替わった．　447

マヤ 571*
〔マヤ 3*〕

駐留軍から返還された特別車マイネロ371*（軍番号1704）を本庁直属のインスペクションカーとしたもの．別にマヤ3の職用車番号があった．後にマヤ3751*〔451〕に改造された．

448

スヤ 342*
〔スヤ 5*〕

炭鉱調査団専用車〔373〕として整備されたスイネ342*（元スヘ31）を本庁直属のインスペクションカーとしたもの．別にスヤ5の職用車番号があった．後に本来の用途であった3等車（スハ33）に復元された．

449

オヤ 3121＊　駐留軍用の病院車スヘ3113＊（元スヘフ30）を改造したインスペクションカーのスヤ5116＊に4回目の改造を加えて建築限界測定車としたもの．内部には測定室のほか休ケイ室・会議室などが設けられている．改造は昭29（1954）年に小倉で施工された． 450

マヤ 3751＊　インスペクションカーのマヤ571＊〔448〕を，昭27（1952）年に大宮で試験車に改造したもので宿泊設備があり，各種の試験車と組合わせて用いられている． 451

コヤ 6680

中国鉄道買収の気動車キハニ190*を種車として昭23（1948）年に巡回診療用の保健車に改造したもの．内部には診察室・レントゲン室のほか医員の宿泊設備が設けられた．

452

ナヤ 6590

青梅電気鉄道買収の電車を改造した工事車．昭25（1950）年に松任で2両改造．内部には錠盤・鍛造設備などがあり，一種の移動工場である．貨車に類別されている工作車と同じ機能を備えている．

453

ナニ 6330

荷物車不足を補うため，駐留軍から返還されたワキ1改造の販売車・部隊料理車〔375〕を昭24（1949）年に長野で改造したもの．側出入口の様式には，貨車当時の吊掛式の引戸流用のものと戸袋を設けたものの別がある．

454

ヤ5010

鉄道省最初のガソリン動車キハニ5000は，昭16（1941）年に客車に改造されたが，ヤ5010となった2両は昭29年の称号規定の一部改正まで救援車として使用された．

455

オヤ9920

オハ34〔347〕の事故車を利用して雑型の救援車の置換えを図ったもの．非公認の工事であったため，雑型3軸ボギーの番号がつけられていたが，昭29（1954）年の称号規定の一部改正のさい，スエ30と改称された．

456

ナル17657*

老朽化の目立つ雑型の事業用車と置換える目的で，中型の木製車に徹底的な改造を加えたもの．しかし，これらの車もやがては鋼製車と置換えられる運命にある．

457

マイ 38　　戦後皇室用列車に軍人が乗車しなくなり不要となった供ぶ車2両を外人　　458
　　　　　観光団用に改造したもの．1人用リクライニングシートが取りつけられ
　　　　　た．昭6・8（1931・33）年に大井・大宮で製造し，改造は大船で施工．

　　　　　昭27（1952）年，鉄道開業80年のPR事業の一環とする目的でナハ13500
ホヤ 16800　〔344〕を改造，内部を博物館としたもの．2両1組で各地を巡回したが
　　　　　外側の塗色は湘南電車並という派手なものであった．　　　　　　　　459

207

地方鉄道の新製および改造車

宮崎交通コハ300

昭26（1951）年に帝車で2両が製造された地方鉄道の戦後唯一つの新製客車．側出入口の間には4組の横型腰掛をおき，長手腰掛・ツリ手をこれに組合せている

460

松尾鉱業オハフ9＊

スニ30〔229〕の戦災台ワク・台車を利用して車体を新製したもの．改造後の車体からは原型をうかがえないほど工事は徹底的に行なわれている．

461

島原鉄道ホハ31＊

岡部鉄工所製の客車〔181〕に更新修繕を加え，新設計の木製車体に作り変えたもの．同和鉱業の鋼体化客車〔493〕と並ぶ特異な存在である．

462

**常総筑波鉄道
オハ 800**

戦災電車クハ65の払下げをうけ，鋼体に応急的な改造を施した通勤用客車．外形・工作ともに混乱期を象徴する車両であるが，現在なお客扱いを行なっている．

463

**常総筑波鉄道
オハ 800 内部**

タル木が露出した天井と裸電球，羽目の内張りを流用した名ばかりの背ズリなど，あらゆる方面で設備の簡易化が図られており，終戦直後ならともかく，今となっては3等車とは名ばかりの存在である．

464

松尾鉱業スハフ 10*

スロハ32〔317〕の払下げをうけ，一端に特別室を設け，側出入口を新設するなどの改造を加えたもので当鉄道の優秀車．また地方鉄道へ払下げられた車両の中では最も程度の良いものといえる．

465

鋼体化改造客車

　鋼製客車，とくに長形客車の登場以来，それまで使用されてきた木製客車は，旅客サービスと安全保持の上から問題が多いことがしばしば指摘されてきた．しかし，木製車体を鋼製車体に置換える工事は，戦前には僅かに5両が施工されたのみであった．これらは木製車の台ワク・台車を流用し，これに鋼製車体を取付けたものである．

　木製車は戦時中から戦後の混乱期にも引続いて使用された．しかし，その状態はますます不良となり，鋼製車に対する見劣りは一層はなはだしいものとなった．

　昭和23（1948）年，駐留軍は木製車の鋼体化改造工事の実施を勧告（事実上は命令）した．こうして開始された工事は，技術面では戦前の鋼製化工事と異なり，台車と車体部品の一部を流用し，木製車の台ワクの鋼材を利用し，これに鋼製車体を新製して取り付けるのであった．しかし，車体は新式化したが，木製車が収容しえた定員数の確保とともにローカル線区で使用するという前提から，新製の鋼製車に比較して，3等車ではオハニ63を除けば旅客1人当たり面積が小さく，腰掛の構造も粗末であった（オハ31なみ）．

　鋼体化改造工事は，昭30（1955）年度で終了し，欧州諸国に先がけて木製車が営業用から一掃された．

オハ30　　　木製3等車ナハ22000〔143〕の台ワク・台車を利用し，昭14（1939）年に小倉で半鋼製の車体を取りつけた結果生れた．両数は2両．同系車にナハフ25000〔167〕改造のオハフ31があった．　　　466

スロ 6 0

駐留軍から外人観光団受入れのためリクライニングシートの座席車を新製するようにという強い要求をうけて，昭25（1950）年に大宮・大井で30両が鋼体化改造の資材を用いて製造された．台車は応急的に3等用のTR40を取り付けたが，当初は1等車として計画されたが竣功後には特別2等として使用された．

467

スロ 60 内部

竣功以来，「つばめ」に，ついで「はと」用にもなり，スロ54〔393〕と取替えられるまで引続いて使用された．便所を男子用と女子用に分け，冷房取付準備などその装備は従来の2等車をしのいでいる．

468

オハ60　鋼体化改造の第一陣として，昭24・25（1949・50）年に大井ほか11工場で390両が竣功．計画当初は資材の統制時であったため，構造的には不満足な点が多い．雨ドイがなく，僅かに出入台の上に水切りがあるだけ，内部では客室と便所・洗面所の仕切りがなく，腰掛の背ズリの高さも低くなっている．　469

オハ62　オハ61〔471〕を北海道向けにした二重窓の車両，昭26～30（1951～55）年に，旭川・苗穂で130両が竣功した．　470

オハ61　昭26（1951）年以降，鋼体化客車の標準となり，大宮ほか6工場・9社で30年に至る間に総数1,052両が竣功，オハ60〔469〕に比して外観上では改良の跡が著しい．　471

オハ61内部　便所・洗面所と客室の間に仕切りがつき，腰掛の背ズリが高くなったが，新製の3等車スハ43〔399〕と比較すると見劣りする．網棚受・腰掛の金具類は木製車の流用である．　472

オハフ60 外観上はオハ60〔469〕の緩急車型であるが車体は二重窓の北海道向け．昭25・26（1950・51）年に苗穂・旭川で70両が竣功．この形式で試みられた車掌室と客室を分離する方式は以後3等緩急車の標準構造となった． 473

オハフ61 オハ61〔471〕の緩急車型，昭25～31（1950～56）年に名古屋ほか5工場で795両が竣功，両数はオハフ33〔406〕より多く，3等緩急車の中では最大である． 474

オハフ 6 2　　オハフ61〔474〕の北海道向けで，昭29・30（1954・55）年に長野で30両が竣功した．　　475

オハユニ 6 1
郵便室内部

昭30・31(1955・56)年に竣功した車の内部．同じオハユニ61でも，27年竣功車とは区分棚の取付位置が異なり，郵便室の側出入口と3等車の間に設けられている．

476

オハユニ 6 1
荷物室内部

昭27年に竣功した車と昭30・31年に竣功した車では，荷物室の寸法に多少のちがいがある．

477

215

オハユニ 61 ローカル線や区間列車に使用する目的で，昭27・30・31（1952・55・56）年に長野・日立で130両が竣功．27年製と30・31年製では郵便室の構造がちがい，側出入口・窓の位置も異なってる． 478

スハユニ 62 オハユニ61の北海道向けで，昭27（1952）年に宇都宮・飯野で20両が竣功．内部は前位寄より3等室・便所・洗面所・郵便室・荷物室・車掌室となっている． 479

オハユニ63 　郵便室と荷物室に内部を区分するほど取扱量のないローカル線で使用するため，昭29（1954）年に宇都宮で40両が竣功．郵便室の所在を示す標識がなく，「郵便荷物」という標記をしていることもこの形式の特色である． 480

オハユニ64 　オハユニ63〔480〕の北海道向けで，スハユニ62〔479〕よりも3等室の面積が増し，定員56人．昭29（1954）年に宇都宮で10両が竣功した． 481

スハニ61	昭25〜30（1950〜55）年に盛岡ほか1工場，富士ほか10社で475両が竣功．荷物室の容積はオハユニ63〔480〕の郵便荷物室とほぼ等しく，定員も同じく56人，25・26年竣功の205両は車掌室が異なり，また別に寒地向けの設備を施したものが14両ある．当初はスハニ61と称したが，後に荷重5tを4tにしてオハニと変更された．	482
スハニ62	スハニ61〔482〕を北海道向けとしたもので，昭27〜31（1952〜56）年に旭川・富士・輸送機で45両が竣功した．	483

オハニ63　　特急用のスハニ35〔411〕を除けば3等荷物車はスハニ32〔320〕以降新造　　484
されなかったため，優等列車にスハニ61〔482〕が使用されたりし，旅客
サービス上で不適当なため，昭30・31（1955・56）年に内部をスハ43
〔399〕並とした本形式30両が汽東で竣功した．

スハニ64　　オハニ61〔482〕にのち電気暖房装置を取り付けたため，重量が増大し，　　485
形式が変更されたもの．

オハユ 61　昭30（1955）年に宇都宮で11両竣功．3等郵便合造車は戦前はスハユ30・31〔230・384〕の2形式を算えたが，戦後は本形式のみ．郵便室の荷重は3ｔ．3等定員は48人． 486

オユ 61　昭27（1952）年に新潟で2両が竣功した郵政省所有の郵便車．構造はスユ41〔417〕とほぼ同じで，内部は郵便区分室・郵袋室などに分れれている．30年にオユ60がケイ光灯に改造されて本形式に編入され両数は4両となった． 487

スユニ60　　昭29・30（1954・55）年に日車・飯野・輸送機で67両が竣功．スユニ72　488
[440] と同じく片出入台式であり，内部の構造もほぼ同じ．なお，番号
200，300代は北海道向けで300代は魚腹台ワクである．

　　　　　　昭28〜30（1953〜55）年に小倉・日支ほか10社で205両が竣功．荷物車
　　　　　　の中では1形式中の両数が最も多い．魚腹台ワク使用車（60301〜60307）
マニ60　　　北海道用（200代）もあり，また28年度中からは内外観・車掌室の構造　489
　　　　　　が変更された（200代，300代）．

地方鉄道の鋼体化改造客車

南海電気鉄道 サハ 4801	国鉄線へ乗入れて使用する目的から，木製電車の台車を流用し，スハ43〔399〕に準じた車体を昭27（1952）年に帝車で新製したもの．蒸気機関車・電動車のいずれとも連結しうる構造となっている．	**490**
南海電鉄気道 サハ4801 内部	腰掛の構造に改良を加え，背ズリのマクラ部には白色ビニールを張りつけ，ケイ光灯・放送装置など内部の装備を改善したほか，不燃構造・軽量化などが図られた．	**491**

同和鉱業 ハフ52* 　単車はすでに客車としては前時代的な存在であるが，これは鋼製化によって運転の安全化を図った珍しい事例．しかし構造的には設計の簡易化が目立っている． 　492

同和鉱業 ホハフ2000 　国鉄払下げの電車・客車の台ワクを利用して鋼製車体を取り付けたもの．出入台部分に木製時代の名残りをとどめる面白い構造．台車には鋼体化改造工事に伴って生じたTR11の余剰払下品を使用している． 　493

雄別鉄道コハ14 *

国鉄払下げの日本鉄道系の雑型客車の魚腹台ワク・台車を流用して車体を新製した特色ある車両．内部は国鉄の鋼体化改造車に準じている．地方鉄道用客車の新式化のけん著な事例である

494

松尾鉱業オハフ8 *

国鉄払下げの中型客車に鋼体化改造工事を施したもの．車掌室を車端におき，特別室も設けられている．電気機関車にけん引されるため，蒸気暖房管をもたない点が国鉄車両との相違点である．

495

雄別鉄道ナハ15 *

国鉄では3軸ボギー車は鋼体化改造の対象とならず，切継資材にあてるために廃車処分されたが，地方鉄道の中には，払下げを受けた3軸ボギー車の台車・台ワクを流用し，鋼製車体を取り付けた事例が存在する．

496

三井芦別鉄道ホハ10 *　飯山鉄道から譲受けた中型木製車に類似した客車の台ワク・台車に鋼製車体を取り付けたもの．通勤・通学客の輸送を目的としたものである．もっぱらディーゼル動車に併結して使用されている．　497

江若鉄道 1958 *　臨時列車用として使用する目的で，国鉄払下げの ホハ2265* を鋼体化したもの．台車は木製車として使用されていた時にすでに振替えられていた．客車としては特殊な構造と形態である．　498

軽 量 客 車

　わが国の客車は比較的軽量であり，スハ43〔399〕のように3等車としては重い車でも，諸外国の客車に比して劣るものではなかった．しかし，こう配区間の多いわが国では，客車の重量の増大はけん引両数を減少させ，また走行抵抗の増大によって速度の向上はさまたげられてきた．客車重量を減少させる試みは戦前にも行なわれ，広窓車によって一応の成果をみていたが，戦後はヨーロッパの軽量客車に刺激されて研究が大いに進み，昭30（1955）年にナハ10〔509〕が製造されることになった．その外形には出入台の折戸，窓の四隅につけられた丸味など，ヨーロッパ流の工作が加わり，新しい国鉄形客車が作りだされることになった．この軽量客車の構造はそのまま電車，気動車の軽量化へも発展した．

ナロハネ10　2等寝室内部　　500

　2等寝室はプルマン式，3等寝室はナハネ11〔506〕と同じく3段式寝台であり，便所・洗面所はそれぞれ車端におかれている．

ナロハネ10　　499

中央線・信越線などの寝台利用客の比較的少ない亜幹線区で使用するため，昭32（1957）年に日車で9両製造された合造車．床面積を有効に利用するため，初めて中央出入口だけを使用する構造を採用した．

オロネ10 旧形2等寝台車が老朽化したため，その置換えとして製造されたもの．窓は固定され，冷房は床下のディーゼル発電機駆動のユニットクーラで行なうが，暖房は蒸気暖房である．のち電気暖房併設車もつくられた．台車は空気バネ付のＴＲ60を使用．

プルマン式の開放寝台のみで構成されるいわゆるＢ寝台で，現在使用中の寝台車では最も評判がよく，今後も引続いて製造の予定である．日車及び日立製．

オロネ10 寝室内部

ナハネ10　　　　　　　　　　　　　　　　　　　　　　　　　503

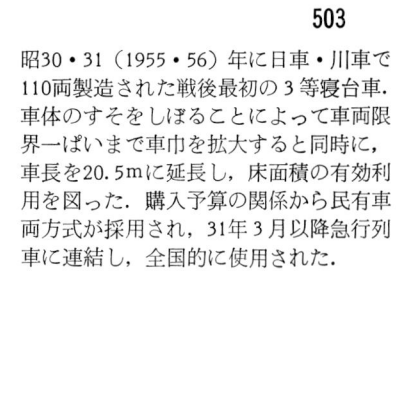

昭30・31（1955・56）年に日車・川車で110両製造された戦後最初の3等寝台車．車体のすそをしぼることによって車両限界一ぱいまで車巾を拡大すると同時に，車長を20.5mに延長し，床面積の有効利用を図った．購入予算の関係から民有車両方式が採用され，31年3月以降急行列車に連結し，全国的に使用された．

ナハネ11 寝室内部

車巾が増大したため，通路にゆとりがあり，しかも1.9mの長さの寝台の取り付けが可能となった．廊下側の窓がツリアイ下降式となり，また各寝室区画毎に，1つずつ送風機が備えられるが，そのため天井中央が屋根上に突出しているのが外観上の著しい特徴である．

504

ナハネ10　　　北海道向に作られた10両には送風機は取り付けられていない．写真は寝　　505
　　　　　　　室側よりみたもので，中間の窓柱を軽合金でつつんで1組とした窓があ
　　　　　　　るため，通路側よりみたときとは印象が全くちがっている．

　　　　　　　昭32・33（1952・53）年に日車・日立で74両製造．ナハネ10〔503〕に比
　　　　　　　べて給仕室を広くして，寝具の格納棚が設けられたため，寝台が6つ少
ナハネ11　　　なくなって，定員54人となった．照明はケイ光灯が採用された．写真は　506
　　　　　　　廊下側を示す．

ナロ１０ 　軽量構造を採用したため，従来の特別2等車より10t余りも軽くなる．車長はナハ10〔509〕などと同じく連結面間20mで，ナハネ・ナロハネよりも短い．昭32（1957）年に日立で製造され，特急に使用された． 　　507

ナロ１０内部 　リクライニングシートが改良され，車巾の増大によって通路が広くなり照明はケイ光灯を使用し，乗客1人毎に白熱灯のスポットライトが設けてある．　　508

ナハ10（試作車） 試作車は昭30（1955）年に8両製造．のちに900代の番号になった．従来の3等車に比べ定員・主要寸法をほとんど同じにして，なお10tあまりも重量が減少して（23t）いるが，量産車では1t重くなった．総数は試作車を含め122両である．

509

ナハ11

出入台の扉を開戸としその扉の窓が開閉可能となったほか，細部が改良れさている．昭32〜33（1957〜58）年に日車・日立で102両が製造された．

510

ナハ11内部

軽量客車では内羽目板にハードボードが使用され，プラスチックまたはビニル製品の使用とあいまって塗装が省略された．また便所・洗面所を出入台の外側においたため，臭気がこもる心配がなくなった．

511

ナハフ10　ナハ10〔509〕の緩急車型．出入台の位置が内側によっているのが外観上の大きな特色．昭31（1956）年に日車で30両製造された． 512

ナハフ11　ナハ11〔510〕の緩急車型．昭32（1957）年に日車で30両製造．照明はナハ11と同じくケイ光灯である． 513

オユ10 郵政省所有車では初めて軽量構造を取入れた車両．前位寄に小包締切郵袋室があり，ついで郵便区分室・通常締切郵袋室・車掌室の順に配置される．昭32（1957）年以降汽東などで引続き4両製造されている． 514

オユ10 郵便区分室内部 515

オユ11

構造はオユ10〔514〕とほとんど同じであるが郵便区分室が大きいため，荷重が1t減少して7tになる．昭32（1957）年以降に日車などで引続き製造されている．郵政省所有車である．

516

オユ１２ 　同じく郵政省所有車．スユ43〔419〕と同じく郵便区分室のない締切り扱　517
い専用車である．昭33(1958)年以降汽東・日支・新潟などで引続き14両
製造されている．

スユ１３ 　オユ12〔517〕に電気暖房工事を施行し，その結果重量が増加して形式が　518
変更された車両である．

マヤ34	従来使用されてきた軌道試験車オヤ19820（旧19950）〔127〕は測定装置が旧式で，高速度で走行する試験に適さなくなったため，昭34(1959)年に新性能の鋼製高速軌道試験車が東急で製造された．	519
マヤ34内部	取りつけられた各種のオシログラフや電気計器によって，試験の結果が自動的に記録されるが，そのほか成績整理室・寝室・予備室も設けられている．	520

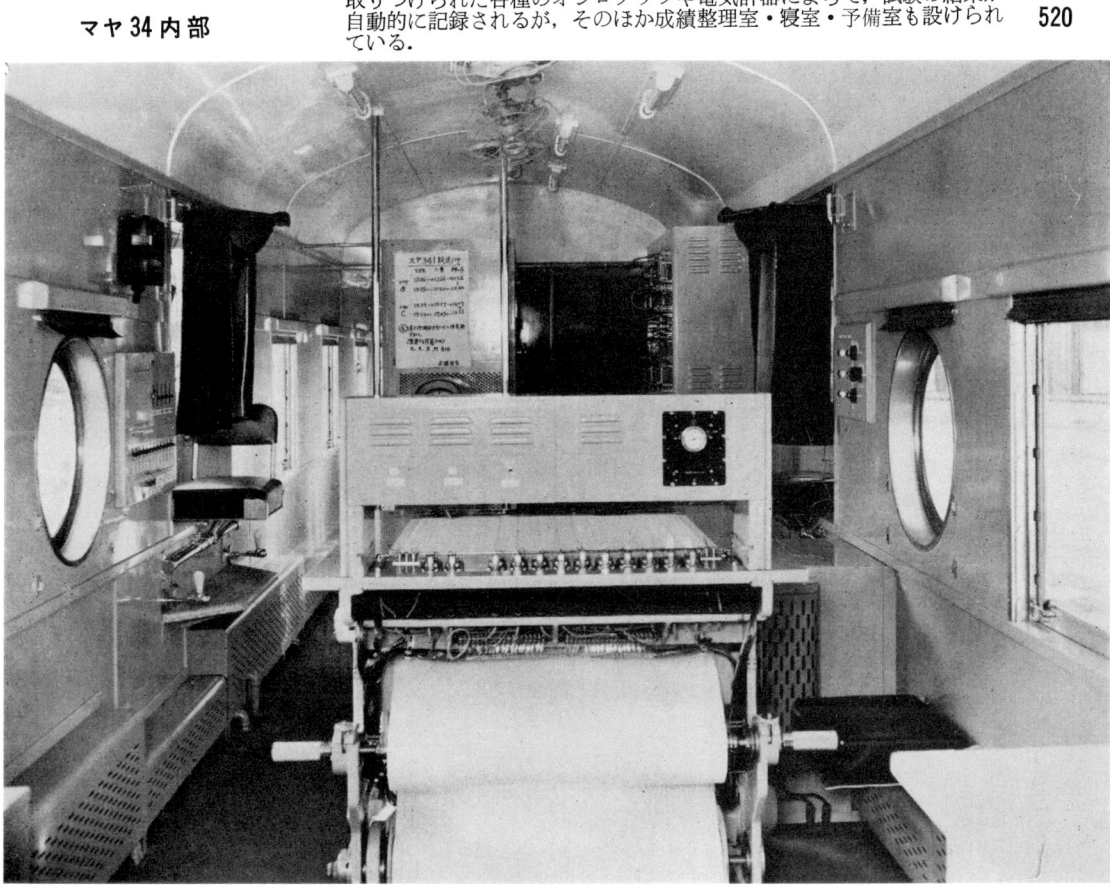

戦後の客車特急

客車特急の最後部の列車名板　　ここに掲げるものはすべて照明つきであった．　521

須磨の海辺を快走する特急「かもめ」　　組成客車が軽量客車となっているから客車特急としては後期のすがたである．　522

近代化改造客車

軽量客車の出現によって，従来使用されてきた客車は設備のうえで見劣りがするうえ，重量が過大で運用上で不経済となってきた．また，旅客輸送方式の変化によって，車種によってはいちじるしい過剰や不足もあらわれてきた．このような矛盾を取り除くため，昭31（1956）年以降大規模な車両改造工事が必要となったのである．

オロ 42　　昭21（1946）年にジュラルミンで車体を製造した（外板のみ）ため腐食がひどくなった，オロ40（4098～40102）の台ワクを流用し，29年に名古屋で準軽量構造に改造した車両．内部は転換腰掛・ケイ光灯を備え，近代化のさきがけをつくった．　523

オハニ 36

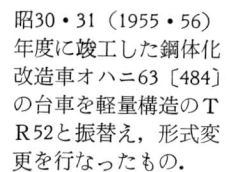

昭30・31（1955・56）年度に竣工した鋼体化改造車オハニ63〔484〕の台車を軽量構造のTR52と振替え，形式変更を行なったもの．

524

オシ 17　近代化に伴って遊休化した3軸ボギー車の台ワクを利用し，これに軽量構造の車体・台車を取付けた車両．昭31(1956)年以降改造(高砂・長野)が続けられ，床下にはディーゼル機関駆動の冷房装置が備えられている．　525

オシ 17 内部　車体巾が2.9mとなり床面積が増大したため，食堂をすべて4人掛ケテーブルとし，収容力が増大した．以後の客電気動車における食堂車はすべてこれが標準となった．　526

オロ 61	昭34（1959）年以降，長野でオハ61〔471〕の鋼体のみを使用し，台車を軽量構造のTR52Aと振替えたリクライニングシート付の車両．この形式の落成によって準急以上の客車列車の1等（旧2等）の質的向上が可能となった．	527
オロ 61 内部	内部は一新され，新製車と少しも見劣りしないものとなった．最初の21両はカーテンキセ上部にスポットライトがあったが，その後のものにはついていない．	528

スハネ30　戦前3等寝台車として使用し，戦時中に改造されたオハ34〔347〕は，昭34（1959）年に2等（旧3等）寝台車に改装された．新製車と同じ構造が要求されたため片出入台となり，屋根には送風機のオオイがつけられている．　529

スハネ30内部　内部構造はナハネ11に準じ，3段式寝台が備えられた．しかし背ズリの上の仕切は固定式である．廊下はせまい．　530

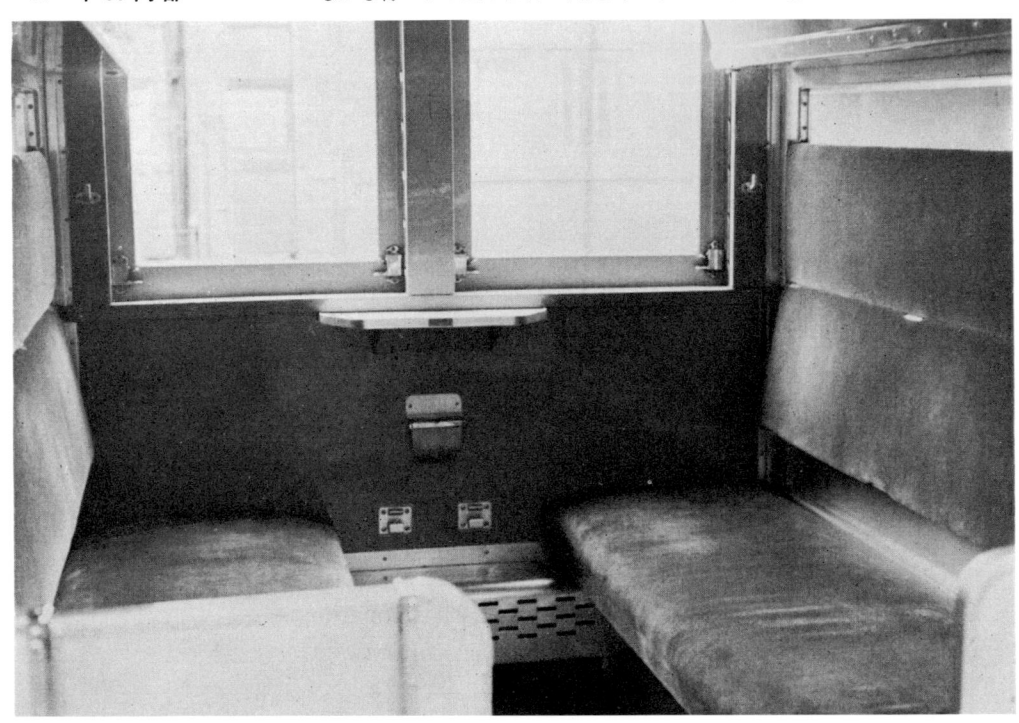

オハネ17   スハネ30〔529〕だけでは2等（旧 3等）寝台車に対する需要に応じられぬため，新たに二重屋根の20m客車の台ワクを利用して軽量構造の車体を取りつけ，スハ43〔399〕の台車を流用し，昭36（1961）年に竣功した．今後もこの種の改造がつづけられる．   531

オハネ17 寝室内部

寝室の構造はナハネ11〔506〕に準じ，近代的な感覚を備えている．   532

オハネ17 洗面所   通路をはさんで2組の便所と3人用の設備をもつ洗面所が相対している．   533

オロ 3 5

昭9〜16（1934）年に製造されたオロ35〔274〕の腰掛を整備し，ケイ光灯を取りつけ準軽量構造とし，優等列車の2等車の近代化を図ったもの．途中特ロの近代化優先によって形式全部の改造は見送られた．

534

オハ 3 6

昭23〜25年（1948〜50）に製造されたスハ42〔398〕に車内設備の軽量化を取り入れた結果，「ス」から「オ」となったもの．

535

オハ 36 内部

ケイ光灯を取り付け，内部設備の近代化を図るなど，軽量客車に比して見劣りしないほど性能は向上している．

536

スハフ43	特急の電車化,ディーゼル化で不要となったスハ44〔401〕を緩急車に改造し,一方向きの横型腰掛を回転式腰掛に取替え,ケイ光灯を取り付けて,寝台列車・観光団体列車用に整備したもの.写真のように外部塗色を固定編成列車なみのブルーとし,クリーム色の線を入れたものもある.	537
スハフ43内部	特急用2等(旧3等)車と同様の回転腰掛を設けてある.	538

オハフ 80 婦人・老人の多い東北地方の観光団体の実情に合せて，オハフ61〔474〕の内部をたたみ敷きに改装した特殊な車両．スハ88〔542〕が好評のため，引続き改造が行なわれた． **539**

オハフ 80 の出入台表示灯

通常「御座敷客車」と称しているが
正式の名称は和式客車である．

540

オハフ 80 内部 正面突当たりのふすまを開くと出入台に通じるほか，右側窓よりのたたみをはね上げると内部を貫通する通路が使用できる． **541**

スハ88　542

昭35（1960）年にスハシ29〔435〕を団体専用のたたみ敷きの2等（旧3等）車に盛岡で改造したもの．鉄道開業88周年にあやかり，88という形式があたえられた．内部をたたみ敷きとしたのは病客車を除けば画期的な試みである．

スハ88 車体中央部

スハ88 内部　数寄屋風の天井にはケイ光灯照明を配し，塩化ビニル張りの障子・格子戸・衝立を備え，座卓・座フトンをおいて家庭的なふんい気の中で，旅行を楽しめるようにしたもの．右手窓よりのたたみははね上げることができ，通路として使用することも可能となっている．

⇦ 543　544

545

マロテ491*の1等室内部

3等級制の廃止，「つばめ」「はと」の電車化によって展望車は通常の営業用車としての使命は終ったが，旧1等室の腰掛を1人用リクライニングシートと取替えたものは，なお外人観光団用などの用途を残している．

546

マロテ39車号標記　昭35 (1960) 年7月に2等級制が採用されたため，1等展望車「イテ」の標記も「ロテ」に変更された．

オハ27

昭36 (1961) 年10月の白紙ダイヤ改正を契機に，1等（旧2等）車として使用するには問題の多かった鋼製17m車は2等に格下げされ，オロ30・31〔221・222〕はオハ27，オロハ30〔223〕はオハ26と形式変更，内部設備は当分そのまま使用することになった．

547

スハ37　　　　　　　　　　　　　　　　　　548

駐留軍貸渡の部隊用寝台車
〔377〕スハネ34(元スロ33)
を，昭31(1956)年に長野
で定員96人の3等車に改造
したもの．

スハ37 内部

腰掛は窓割りと関係なく，
鋼体化改造車(除オハニ63)
と同間隔に取り付けられて
いる．通路寄にみられる補
助席は臨時列車に使用する
時などにそなえた試み．

549

オハ30 内部

昭36(1961)年にオハ31〔224〕の
腰掛を長手式に改造し通勤用客
車としたもの．ツリ手も取りつけら
れている．オハ30としては2代目．

550

カニ 3 8　　　　マハネ29の台ワク・台車を利用し，側総開きの構造を採用した荷物車．　551
　　　　　　　　昭34（1959）年大井で改造された．側には巾2.3mのシャッタ付入口が
　　　　　　　　5ヵ所あって，荷物の積卸しをしやすくしたのが従来の荷物車と異なる
　　　　　　　　点である．

552

カニ 38 内 部　　チェーンはシャッタ開閉用，両側の柱は荷くずれ防止用．　　553

カニ29　駐留軍貸渡のマハネ29〔378〕を返還後昭33（1958）年に長野で荷物車に改造したもので20代の番号がつけられている．車掌室の構造が戦後の新製車と同じに改装されている．　554

マニ60　荷物輸送方式の近代化と，戦災復旧荷物車の取替えの必要から，余剰となったオハユニ63〔480〕，オハニ61〔482〕などを種車として，昭34（1959）年以降改造が続けられている．オハユニ63を種車にしたものは50代，オハニ61を種車にしたものは100及び500代の番号がついている．　555

オヤ 3 1 3 1 * 昭32（1957）年に簡易食堂車オシ33を長野で改造，建築限界測定車とし 556
たもので，室内部は作業室と控室とに分れている．

オヤ31表示装置 外部に取り付けられた測定用の矢羽が建築限界外に張りだした障害物に
接触すると，その範囲が直ちに判明する． 557

コヤ90 　新幹線用車両を横浜港から鴨宮まで安全に輸送するため，オロ31〔222〕の台ワク・台車を利用し，輸送上の障害となる個所を調査する目的をもつ車両．車長・断面はともに新幹線用車両にあわせて作られている． **558**

マハ 2981 *
〔廃車前の番号〕
新幹線用の台車を車両試験台に取り付けて実地試験を行なう目的を有し，車外に水槽を取り付け，荷重を自由に変更しうる構造を備えている．本線を走行しないので廃車のまま改造された．従って車籍はない． **559**

オル 3 1　　　　　　　　　　　　　　560

木製配給車の取替え用として，オハ31〔224〕を改造したもの．昭32（1957）年以降使用されている．

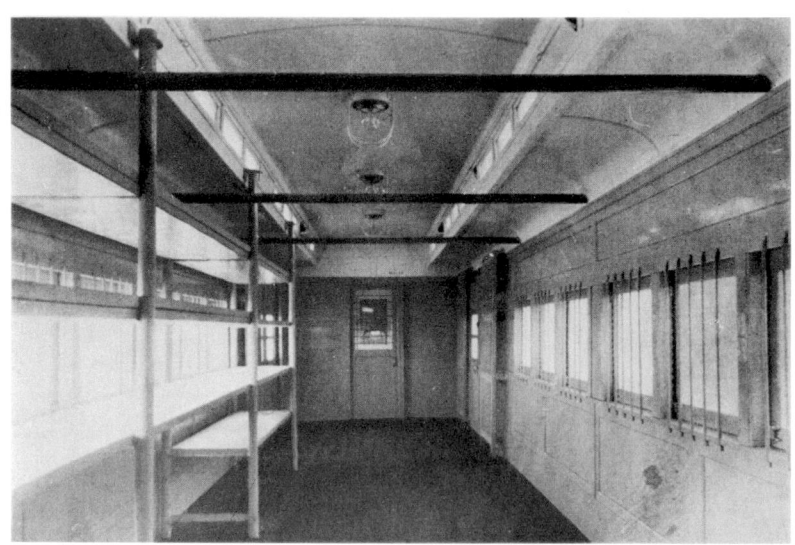

オル 31 内部

前位寄にはてん乗員氏の寝室・調理室が設けられている．

561

スエ 3 0

木製救援車の取替え用として，スユ30・スユニ30・スニ30〔228・227・229〕などを改造したもので，車長と関連させず，20m車〔456〕の番号を追っている．

562

スヤ39　　　駐留車貸渡のマハネ29〔378〕を返還後昭31・32（1956・57）年に長野　　**563**
で，工作車に随伴する宿泊車に改造したもの。内部は寝室・食堂・調理
室に分れている

前位寄にある上下2段式の寝台を用いると，
16人の宿泊が可能である．

スヤ39 調理室内部　　**564**

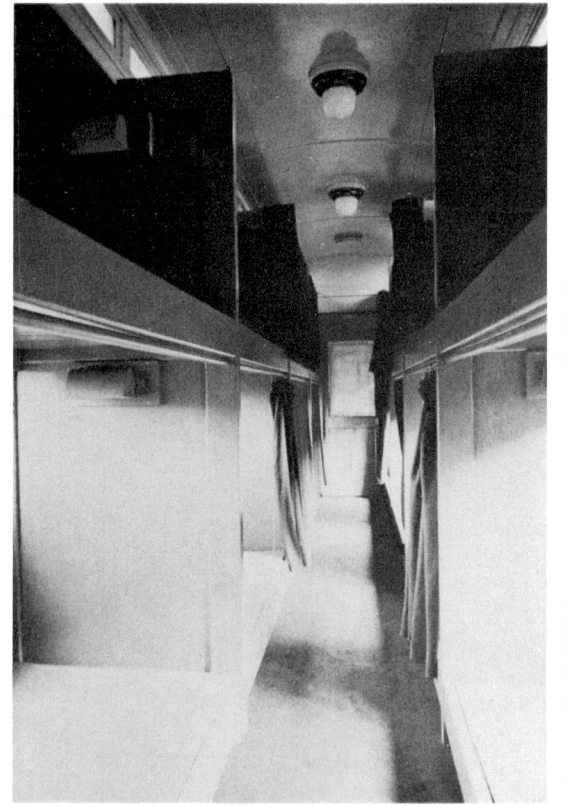

スヤ39 寝室内部　　**565**

固定編成客車

ナロネ20 — 昭33（1958）年日車と日立で3両製造．わが国で最初の1人用寝室（ルーメット）10と2人用寝室4があり，寝台数は18（A）．現在「あさかぜ」のみに使用されている． 566

ナロネ20・22内部 — 左はナロネ20（日立）の2人寝室内部で，上段寝台は昼間ははね上げる．また寝室間の仕切を折りたたむと4人用とすることもできる．右はナロネ22（35年日車）の1人寝室間の廊下で，ナロネ20も同じ構造． 567・568

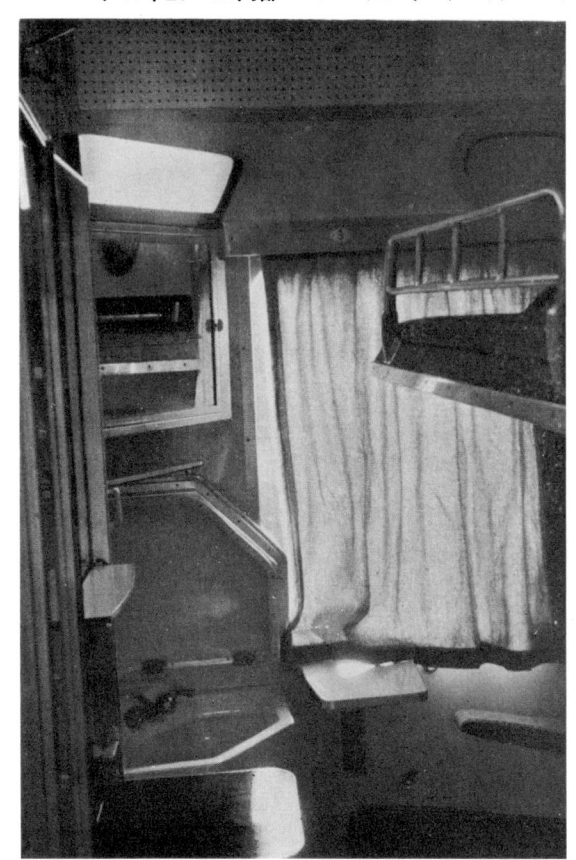

ナロネ 21　　昭33～35（1958～60）年日車と日立で9両製造．寝台数は28（B）で，上段寝台には小さな窓が設けられている．窓ガラスは他車も同じく複層ガラスで開かない．現在「あさかぜ」のみに使用されている． 569

ナロネ 21 内部　　昭33（1958）年日車製の寝室内部．構造はプルマン式．寝台間の仕切の通路寄半分は夜間のみ引出される．上段寝台はバネ入りヒンジのためツリクサリがない．安全帯は34年製の車から安全サクに変更された． 570

ナロネ22 昭34・35（1959・60）年，日車と日立で6両製造．1人用寝室（ルーメット）6と開放寝室からなり，寝台数は，6（A）と16（B）．現在「さくら」と「はやぶさ」に使用されている． 571

ナロネ22の1人用寝室内部 日立製の1人用寝室の内部，夜間は腰掛背ズリ部の壁面を倒して寝台とする．折りたたみ洗面器があり電灯・冷暖房の調節は乗客が自由に行なえる．ナロネ20も同様な構造である． 572

ナロ 2 0　　　昭33〜35（1958〜60）年，日車と日立で9両製造．定員は48人．車内の　　573
　　　　　　　専務車掌室にはラジオの受信器があり，出入台上部の屋根を切欠いてそ
　　　　　　　こにアンテナを入れ，上をプラスチックのフタでおおっている．

ナロ 20 内部（非常口）　575

ナロ 20 内部　　　574

昭34（1959）年日立製の客室内部．リクライニングシート付で，荷物ダナの下には各1人1個ずつのスポットライトがある．33年製の車の窓には横引カーテン，34・35年製の車の窓には巻上カーテンが設けられている．

ナシ 20　　　昭33〜35（1958〜60）年，日車と日立で9両製造．食堂定員は40人．料　　576
　　　　　　　理室は電化されており，また列車電話のアンテナを置く準備として，屋
　　　　　　　根の両端部を切欠き，その上にプラスチックのフタを設けている．

　　　　　　　左は日立製，右は日車製の食堂内部．固定編成列車では，室内のデザイ
　　　　　　　ンはそれぞれ製造会社にまかせて設計させたが，その特色は食堂内部に
ナシ 20 内部　 最もよく現われている．　　　　　　　　　　　　　　　　　　　577・578

ナハネ20 昭33〜35(1958〜60)年，日車と日立で47両製造．写真は35年製の車両．寝台数は54．全車冷房付で固定窓のため，ハネと座席車には非常口（33・34年製は下降窓，35年製の車は外開戸）が設けられた．

ナハネ20内部 昭33（1958）年日立製の寝室内部．上中下3段のうち中段は昼間は上へたたまれる．33年製では上段も折りたためたが，34年製からは上段は固定となった．廊下には折りたたみ腰掛がついている．

ナハフ 20   昭33〜35（1958）年．日車と日立で7両製造．定員は68人．33年製の最後部には折りたたみ腰掛がある．35年製の最後部両側すみのガラスは曲面ガラスになっている．   581

昭33（1958）年，日車と日立で3両製造．定員は64人．売店があり．ナハフ21（売店付）を連結しない「あさかぜ」のみに使用している．腰掛は回転式で背ズリの裏に折りたたみテーブルと灰ザラがある．

ナハ 20 売店   582

ナハ 20 腰掛   583

ナハフ21 昭34・35（1959〜60）年，日車と日立で7両製造．定員は60人．「さくら」と「はやぶさ」に使用され，本編成の最後部に連結される．東京発下りの場合博多で切離す付属編成のことを考えて貫通式とし，売店を設けている． 584

ナハフ21 内部 昭34（1959）年日車製の客室内部．ナハ20・ナハフ20もこれと同様の構造で，通路以外の床面は冷房の風道を下に通しているため一段高くなっている（ナロ20も同じ）． 585

マニ20　　昭33（1958）年，日車と日立で3両製造．車長は17.5mで，荷物室の荷　　586
重は3t．電源室には列車全体の電源として，250kVAのディーゼル発
電機2基を備える．現在「はやぶさ」に使用されている．

　　　　　昭34（1959）年，日車と日立で3両製造．車長は20mで，荷物室の荷重
　　　　　は5t．電源室はマニ20と同様であるが，側にガラス窓・屋根に熱気抜
カニ21　　を設けている．現在「あさかぜ」に使用されている．　　　　　　　587

カニ22　　　昭35（1960）年，日車と日立で4両製造．車長は20mで，荷物室の荷重　　588
　　　　　　は2t．カニ21〔587〕と同じディーゼル発電機の他に直流電化区間で
　　　　　　使用する電動発電機2基があり，そのためのパンタグラフがある．現在
　　　　　　「さくら」に使用されている．

　　　　　　左は荷物室，右は電源室の内部．荷物室の側出入口の戸はクサリで開閉
　　　　　　するシャッタで，マニ20・カニ22の内部もこれと同様であるが，カニ22
カニ21内部　　は炭酸ガス消火装置も備えている．　　　　　　　　　　　　　589・590

固定編成客車特急「はやぶさ」　　　山陽本線神代・大島間

日本の客車90年略史

目　　次

1　等級及び称号の変遷 ·· 4
　1・1　等級及び標記の変遷 ·· 4
　1・2　称号の変遷 ·· 4

2　2軸及び3軸車 ·· 5
　2・1　創業期の客車 ··· 5
　2・2　その後の2軸車 ·· 6
　2・3　3軸車 ·· 6

3　国有以前のボギー客車 ·· 6
　3・1　官　設　鉄　道 ··· 6
　3・2　私　設　鉄　道 ··· 7

4　国有後の木製客車 ·· 8
　4・1　中形ボギー客車時代 ·· 8
　4・2　大形ボギー客車時代 ·· 8
　4・3　寝台車の発達 ··· 9
　4・4　展望車の誕生 ··· 10
　4・5　食堂車の発達 ··· 10

5　戦前の鋼製客車 ·· 10
　5・1　最初の鋼製客車 ··· 10
　5・2　長形客車の誕生 ··· 11
　5・3　丸屋根の採用 ·· 13
　5・4　広窓の採用 ·· 14

6　戦中・戦後の混乱時代 ·· 15
　6・1　戦時中の改造 ··· 15
　6・2　戦災復旧客車 ··· 16
　6・3　駐留軍用客車 ··· 17

7　戦後の客車(軽量客車以前) ··· 19
　7・1　新製車(一般車) ·· 19

- 7・2 寝台車……20
- 7・3 特別2等車……20
- 7・4 1等車・1等展望車……21
- 7・5 食堂車……21
- 7・6 鋼体化……21
- 7・7 その他……22

8 戦後の客車（軽量客車以降）……22
- 8・1 軽量客車の新製……22
- 8・2 固定編成客車……23
- 8・3 近代化及び軽量化改造……24
- 8・4 今後の客車……25

9 事業用客車……25
- 9・1 職用車……25
- 9・2 試験車……26
- 9・3 工事車……27
- 9・4 教習車……27
- 9・5 保健車……28
- 9・6 救援車……28
- 9・7 配給車……28
- 9・8 暖房車……28

付表一覧

第1表	最初の鋼製客車の主な形式	11
第2表	長形客車誕生時代の主な形式	12
第3表	丸屋根採用時代の主な形式	14
第4表	広窓採用時代の主な形式	15
第5表	戦時中の3等車改造及び定員増加改造の主なもの	16
第6表	戦災復旧客車の改造経過	17
第7表	軍用客車の軍番号のつけ方	18
第8表	鋼製客車と木製客車の両数の変遷	22
第9表	特別職用車一覧表	26
第10表	昭和35年度末客車形式別両数表	29

1 等級及び称号の変遷

1・1 等級及び標記の変遷

　明治5(1872)年鉄道開業に際し工部省(鉄道寮)は欧州の鉄道にならって旅客運賃を3等級とし，これを上等・中等・下等とした．北海道の幌内鉄道(明治13年11月手宮―札幌間全通)は上等・下等(別に最上等車1両を有していた)としていたが，明治23(1890)年4月，工部省にならい上・中・下等の3等級とした．また日本鉄道会社(明治16年6月上野―熊谷間仮営業)は，特等・上等・下等と称したが，これも明治18(1885)年1月に上・中・下等と改称した．明治30(1897)年11月，鉄道作業局はこの名称を一等・二等・三等と改めたが，他の鉄道会社もこれにならって改称を行ない，以後最近までこの3等級制が続いた．しかし昭和30(1955)年7月から1等寝台車が廃止され，さらに昭和35(1960)年6月，特急「つばめ」「はと」の電車化による1等展望車の廃止に伴って7月から2等級制に改め，従来の3等を2等に，2等を1等に変更して現在に至っている．

　関西鉄道会社は，明治29(1896)年11月，上・中・下の等級に従って車体外部をそれぞれ白・青・赤に塗装して乗客の目印とした．官鉄も同30年等級改称と同時に車側窓下に等級に応ずる白・青・赤の色帯を塗装することにした(乗車券の色も等級を示すためにそれぞれ白・青・赤であった)．その後，昭和15(1940)年2月3等の赤色帯は塗装修繕作業の工程簡易化と経費節約のため廃止され，また第2次大戦後，駐留軍がその専用客車に白帯を用いることを決定したので，国内用1等車はクリーム色の帯に変更された．そして昭和35(1960)年2等級制の実施と共に切符の色が1等は淡緑，2等は青になったので，これに合わせて昭和36(1961)年7月，1等車の帯色を淡緑に変更して現在に至っている(2等車には帯を設けない)．

　用途標記については，明治20年代まで窓下にTHIRDなどと等級を英語で標記していたが，明治後期にこれを廃止した．しかしなお寝台車・食堂車などにはSLEEPING CARなどという英語標記が残っていたが，独立国として不見識であるとの理由で，昭和4(1929)年外国語標記を一切廃止した．同時に漢字で「一等・二等・三等」と等級が標記してあったのを簡略化して，ローマ数字の「Ⅰ・Ⅱ・Ⅲ」で標示することとした．戦後，昭和25(1950)年より，寝台車・特別2等車等の出入台上部に等級表示灯を設け，26年製の特急用3等車にもこれを取付けた．また昭和34(1959)年以降3等車窓下の「Ⅲ」の標示を廃止し，2等車以上で出入台等級表示灯のないものには，出入口横の吹寄に「1・2」の標記をすることにした．郵便車は，はじめ車腹に逓信省の紋所を型紙を用いて白色で塗装していたが，その後窓下に車体全長にわたって白色帯を設け，その上に赤色で郵便の「〒」印をはさんで2条の線を引いて示した．これも工程節約のため，その後白地の長方形の中に郵便「〒」印を書いたものに変更された．また戦後，郵政省所有の郵便車に限り，片側2ヵ所の窓ガラスに赤色の「〒」印を大きく書くことになっている．

1・2 称号の変遷

　客車はその運用上，早くから用途別の記号が用いられていた．例えば，上等「イ」，中等「ロ」，下等「ハ」(または「い・ろ・は」)，上・中等合造車「ニ」，特別車「トク」，緩急車「ブ」，ボギー車「ボ」などである．明治40(1907)年，鉄道国有の結果，多種多様の車両が官鉄の所属となったので，明治44(1911)年1月16日，鉄道院総裁は「車両称号規程」を公布し，等級・種類・重量等の区別により記号と番号を定め，その最初の番号を形式として，客車全部を通観して統一ある分類法と番号を定める方法を確立した．同規程は同年2月以降数次に亘り改正を見たがその後新形式のものが多く現われ，特に鋼製客車の出現・電車の増加等により根本的改正の必要を感じ，昭和3(1928)

年5月鉄道大臣達第380号をもって新しい車両称号規程が制定された．

　昭和3(1928)年制定の規程による用途別の記号は，現在のものとほとんど同じである．そして明治44年制定の規程に対してつぎの様な改廃が行なわれている．即ち旧規程では宮廷用客車の供奉車にその設備に応じてイ・ロ・ハの記号をつけていたが，何もつけないことにした．従来「手荷物緩急車」と称していたものを「荷物車」に改め，「食堂車和食用」(ワシ)，「食堂車和洋食用」(リ)，「特別車」(トク)なる車種があったのを廃止し，「配給車」(ヤ)・「救援車」(ヤ)・「教習車」(ヤ)を追加した．試験車の記号「ケン」を「ヤ」に，展望車の記号「テン」を「テ」に改めた．また旧規程では，寝台車，一・二・三等車，郵便車またはその合造車は車掌室の有無に関せず手ブレーキのみを有するものは「フ」を記号の最上位に冠し「何々車手用制動機付」と称し，車掌弁を具備するものは「フ」を記号の末尾に附し，「何々緩急車」と称していたが，これは展望車・郵便車・荷物車以外のもので車掌室を有しかつ手ブレーキおよび車掌弁の設備のあるものは「緩急車」なる名称(記号フ)を付け加えることに改めた．また客車の番号をつぎの様に定め，形式は記号に同形式の最初の番号(ただし1位に端数をつけない)を付けたものにした．なおこのときまで客車の一種として形式番号がつけられていた電車は独立して別種の形式番号をもつことになった．

宮廷用客車	1〜 999	大形2軸ボギー車	20000〜26999
2軸車	1〜 6999	〃 3軸ボギー車	27000〜29999
3軸車	7000〜 9999	鋼製2軸ボギー車	30000〜36999
雑形2軸ボギー車	1〜 6999		40000〜46999
〃 3軸ボギー車	7000〜 9999	〃 3軸ボギー車	37000〜39999
中形2軸ボギー車	10000〜16999		47000〜49999
〃 3軸ボギー車	17000〜19999		

　この後，昭和16(1941)年に至り，番号の行詰りを生じ，主として鋼製客車の形式番号の改訂に伴う称号規程の改正が行なわれ，鋼製客車に対してはその形式称号を記号の後につぎの2位の数字をつけたものとし，番号はそのつぎに製造番号を追記したものとした．

　　　　鋼製2軸ボギー車　30〜36, 40〜46, ………　　鋼製3軸ボギー車　37〜39, 47〜49, ………

　ついで昭和28(1953)年4月に改正が行なわれ，「特別2等車」(ロ)，「工事車」(ヤ)，「保健車」(ヤ)，「広報車」(ヤ)を追加し，救援車の記号を「エ」に，配給車の記号を「ル」に改めた．また鋼製客車の形式称号の2位の数字中，第2の数字0〜7を2軸ボギー車(従来は0〜6)，8・9を3軸ボギー車(従来は7〜9)とした．木製客車もこれにならい，千位の数0〜7を2軸ボギー車(従来は0〜6)，8・9を3軸ボギー車(従来は7〜9)に改めた．その後，昭和34(1959)年6月「特別2等車」(ロ)の名称を廃止し，昭和35(1960)年7月，2等級制の実施に伴う改正により，1等寝台車・2等寝台車・1等車・2等車の記号「イネ」「ロネ」「イ」「ロ」を「ロネ」「ハネ」「ロ」「ハ」にそれぞれ改め，3等寝台車・3等車の名称を廃止し，さらに昭和36(1961)年1月「病客車」(ヘ)・「広報車」(ヤ)の名称を廃止して今日に至っている．

2　2軸及び3軸車

2・1　創業期の客車

　わが国の鉄道創業の明治5(1872)年末においては，客車はすべて2軸車で計58両，定員は上等18人，中等22人，下等30人で，いずれもイギリス(Metropolitan会社等)製であり，新橋工場において組立てたものである．これを下等客車の基本である30人乗りのものについてみると，緩衝器面間長さ5,410mm，車体幅1,981mm，屋根灯頂上ま

での高さ3,200mmの木製車で，車輪輪心も木製であり，腰掛は横型5人掛向かい合いで，各腰掛の区画毎に外開戸がついており，発車前に車長(今の車掌)が外から鎖錠した．天井には油灯が2灯あり，暖房装置・貫通動力ブレーキ等はなかった．そしてブレーキは，列車の後端に連結したブレーキバン(緩急車)の手ブレーキにより，また託送の手小荷物はこのブレーキバンに載せた．

2・2　その後の2軸車

わが国で初めて製造された客車は，明治8(1875)年，官鉄神戸工場で作られた2軸客車で，輪軸は輸入品であるが，他は国産材料によったものである．構造も欧州の車両構造の推移に従い，間もなく鋼製台ワク，木製車体のものが一般に用いられるようになり，車長も増加し，定員も50人のものが出現した．そして当時の2軸客車は，官鉄は勿論次々と設立された鉄道会社でも一部を輸入し，他は自社工場製として，荷物車・郵便車・各車種の合造車や便所・洗面所付の上・中等車も作られた．

客車の車内照明具としては，創業以来石油ランプが使用されたが，山陽鉄道は明治31(1898)年度に蓄電車1両を，同32(1899)年に発電車2両を購入し，同年から列車端給電方式による電灯照明を行なった．その後明治34(1901)年までに発電車を廃し，2軸有ガイ車に蓄電池を積載した蓄電車の増備を行なった．鉄道国有後は，車軸発電機式とこの蓄電式の2様式が存在したが，大正3～4(1914～1915)年度に車軸発電機式に統一され，この結果蓄電車(記号「チク」)は廃止された．

明治30年代中期以後，大鉄道会社は設備の改善を競ってそれぞれ異色あるボギー客車を輸入または製作し始めたが，明治年間においてはその数ははなはだ少なく，2軸車が客車の主力をしめていた．明治40(1907)年鉄道国有後の客車総数4,983両中，2軸客車は4,026両である．しかし鉄道院は英国流の2軸車をすて，合衆国流のボギー客車にのり移る方針を立て，明治43(1910)年以降2軸車の新製を一切行なわず，老朽のものを整理廃車していったが，2軸車は定員の割合に自重が軽いため，軍隊輸送に必要であるとされたこともあった．しかし機関車の発達に伴ってこの必要もなくなり，大正末に貨車に空気ブレーキを採用するとき，車掌車が必要になったので，昭和3(1928)年までに660余両の2軸車を車掌車に改造した．それでもなお昭和11(1936)年12月末に144両(国鉄)の2軸客車が残存していたが，昭和12年度から積極的に廃車を行ない，途中戦争等の影響を受けたものの，昭和30(1955)年には暖房車(昭和35年度末現在2軸暖房車は20両ある)を除いて2軸客車は国鉄から全く消滅した．

2・3　3軸車

欧州では現在も3軸客車が用いられているが，わが国では3軸客車はほとんど使用されなかった．ただ関西鉄道使用のもの(2両)，参宮鉄道使用のもの(4両)，及び関西鉄道の引継ぎ材料を使用して明治44(1911)年に製作した2等車(2両)・3等車(5両)があったが，逐次改造または廃車され，昭和29(1954)年には国鉄から完全になくなった．

3　国有以前のボギー客車

3・1　官　設　鉄　道

ボギー客車は明治8(1875)年にイギリス製材料をもって神戸工場が組立てたもの(ホハ6500形，後のコハ2100

形)が最初である．この車は全長14,192mm，自重13.1tの下等客車で，定員90,全部横型腰掛で10室に区切られ，片側に10個の開戸がある．国産ボギー車については，定員100人のものが翌明治9(1876)年神戸工場で製作されたと伝えられている．

　明治22(1889)年東海道線が全通し，引きつづき同26(1893)年には信越線が直江津まで通じたので，ボギー車の需要が急に増すことになり，明治21年から30年にわたってイギリスから輸入すると共に，それをみならって新橋・神戸両工場で同形の客車を製造した．下等客車は，中央に便所があってその両側が客室，各客室の腰掛配置は中央通路で2人用横型が36人分ずつあり，各客室の両端に出入口がついているものであった．また上・中等合造車は縦型腰掛のものであった．ボギーはツリアイバリを有していた．東海道線に運転されたイギリス製のものは，ボギーワク側バリが軸箱モリと一体になった形押物であったが，国産のものは溝形鋼に鋼板の軸箱モリをリベット止めした．軸箱は油箱を上部につけた細長い形の俗にいう馬づらボックスが使われ，すべてウ4号軸がついており，これは明治41(1908)年ころまで鉄道作業局の基本となっていた．

　明治29(1896)年9月より，新橋—神戸間に初めて急行列車が運転され，同31(1898)年12月にはストーン式車軸発電機により急行列車の1等および2等車に電灯がつけられ，漸次その3等車に，また他の直通列車におよぼしていった．明治33(1900)年にはかねてイギリスおよび合衆国に各2両ずつ発注していた寝台車が落成したので，同年11月から新橋—神戸間の急行列車に使用し始めた．これは4人部屋5区分室よりなり，ネボ1・2(イギリス製)，3・4(合衆国製)と呼ばれた(後のネ5030形)．またこの冬から東海道線主要列車に従来のストーブや湯たんぽに代って蒸気暖房を使用し始めた．翌34(1901)年12月には28人の洋食堂車が生れ，新橋—神戸間の急行に連結され，35(1902)年7月からは寝台車及び食堂車に扇風機が設備され，36(1903)年夏から1等車のヨロイ戸を網戸に入替え，カーテンを取付けた．またボギー車の荷物車と郵便車の新製も明治34(1901)年から開始されている．

　その後明治39(1906)年4月，東海道線に3等急行が出来たとき，和食食堂車が連結された．これは両側窓に沿って長いカウンタ式の食卓があり，お客は丸形回転いすに腰掛けて窓に向いて食事をし，給仕人は客の背後からお膳を持ち運んで給仕するもので，車幅の狭い時代には便利であった．そして引続き3等と合造のホハワシなる車も造られた．当時東海道線には1・2等最急行1本の他に急行2本があり，その内1本は1・2等，1本が3等急行であった．また明治39年には，官設鉄道では初めての3軸ボギーを1等車に採用した．

　これとは別に明治13(1880)年，開拓使によって開設された北海道の幌内鉄道は，その客車8両を米国ハーラン・アンド・ホリングスワース社(現ベツレヘム造船所のハーラン工場)に注文輸入した．同鉄道は初めから合衆国式で，客車はすべて2軸ボギー車，連結器も合衆国式中央引張緩衝連結器であり，ウェスチングハウス空気ブレーキを備えていた(これは鉄道国有後真空ブレーキに取替えた)．この8両は最上等車1両，上等車(横手座席)2両，荷物室付上等車2両，中等車(長手座席)3両で，とくに最上等車(国有後のコトク5010)は，明治14年8月，明治天皇北海道巡幸のさいに乗車され，その後北海道開拓使専用車として用いられ，現在も交通博物館に保存されている．この車は当時の合衆国式二重屋根・上昇窓の全木製車で，車両中心を通路として22ケの横手腰掛(ターンオーバ形)があり，ボギーは木製側ワク，木製揺レマクラのものである．その後同鉄道は，台車を輸入し車体を手宮工場でつくって，明治22(1889)年末，北海道炭鉱鉄道へ引継がれたときには，14両のボギー客車を有していた．

3・2 私 設 鉄 道

　山陽鉄道では明治31(1898)年自社の兵庫工場で製造した1・2等車にわが国で初めての3軸ボギーを採用した．山陽鉄道は2軸ボギーよりも3軸ボギーの方を多く採用している(私設鉄道で3軸ボギーを採用したのは，おくれて日本鉄道のみである)．

　山陽鉄道では，明治27(1894)年より神戸—広島間に急行列車を運転していたが，同32(1899)年5月にわが国で初めての食堂車をこれに連結した．そして翌33(1900)年4月に3軸ボギー1等寝台食堂車(もっとも当時は寝台

車という名称はなかったので，寝台付1等客車と呼ばれた）を運転した．これは自社の兵庫工場で製造したもので，定員は1等寝台16人，食堂8人であった．

明治36(1903)年には，山陽鉄道がわが国で初めて2等寝台車（定員52人）を運行し（5月），日本鉄道は上野―青森間直通列車に寝台食堂合造車を連結した（8月）．

九州鉄道では長距離線が多いので積極的にボギー車を使用していたが，明治39(1906)年合衆国ブリル社に特別豪華急行列車1編成を発注した．この列車は1等車・2等車・寝台車・食堂車・展望車からなっていたが，これらの車両が落成して横浜に到着したのは明治41年で，同鉄道会社がすでに国有化された後であった．そしてこれらの車両は重くて当時の機関車には適応しなかったし，また1編成あるだけで，線路との関係にも問題があったとかで，一般営業には用いられなかった．これらの車両は，昭和初年雑形形式整理に当たり，直ちに廃車するのはもったいないので，当時空気ブレーキ採用に伴いその教習車が必要になったのを機会として全部をこれに改造し，各鉄道局に配属した．

4 国有後の木製客車

4・1 中形ボギー客車時代

明治39(1906)年，鉄道国有法の施行により，買収した17会社の客車が3,101両引継がれ，明治38年度には1,668両しか客車を有していなかった官設鉄道（鉄道作業局）は，明治40年度（帝国鉄道庁）には4,983両の客車を有するに至った．ところがこの車両は多種多様であり，ボギーにしても相互に関連がなく，作業局基本・日本鉄道基本・関西小形ボギー・関西大形ボギーなど一応はっきりしているものもあるが，ほかにもいろいろあったので，明治42年2軸ボギーの基本が定められた．

明治43(1910)年鉄道院はボギー客車の基本を定めるとともに，両数の少ない形式の整理を行なうことにした．そして同年8月「客車・郵便車・手小荷物車工事仕様書」，同年9月「車両塗色及標記方法」，その他車軸・タイヤ・連結器等の基本に関する諸達が次々に出された．この基本により同年から製造された客車がいわゆる中形ボギー客車で，これ以前のものを雑形と呼んでいる．先頃まで残っていたホハ12000（当時のホハ6810）の系統はこの時から生れたもので，3等車についてみれば，横手固定座席，定員80人，便所・化粧室は妻寄りに設けられ，出入台は内開戸を取付けた囲い出入台であり，3等室は天井を張らずに化粧タルキを用いていた．主要寸法は，車体長さが16,408mm，車体幅が2,591mm，屋根頂上までの高さが3,778mmで，3等客1人当たりの床面積は2軸車の0.3㎡から0.4㎡に拡大され，自重も21～24tになった．

大正元(1912)年以降，客車の新製はとくに必要な場合を除き民間工場で行なうことになった．当時汽車会社東京製作所，川崎造船所兵庫工場（現在の川崎車輌）・日本車輌・天野工場（現在の日車東京支店）がいわゆる車両メーカーとして年間200両の能力を持っていた．そして鉄道院工場は車両の修繕を主とし行なうことになった．

電灯設備については，国有直後には蓄電式と車軸発電式との2様式が存在していたが，大正3～4(1914～15)年度に蓄電車（記号「チク」）を廃し，車軸発電式に統一した．また暖房設備についても，大正初期においては地方線を除いてことごとく蒸気暖房化されるに至った．

4・2 大形ボギー客車時代

建築限界と車両限界は明治33(1900)年8月逓信省令第35号「鉄道建設規程」によって定められたものであるが，

両者の間には欧州のそれに比し，なおかなり余裕があったので，車両限界を拡大して大形客車車両限界を定め，これにより大正8(1919)年度以降車幅を約210mm，高さを約150mm増加した大形ボギー客車を製作することになった．そして大正7年ころより前の中形客車に使用された2軸及び3軸ボギーならびに台ワクは，一括してTR10及びTR70，UF11及びUF41と呼ばれている．10t長軸のTR11台車をはきUF12形台ワクをもつナハ22000形およびナハフ24000形系統の大形客車は，大正9(1920)年から製作され，10年春から運転された．

3等車は中型客車以来，現在と同じ横掛配置をもっているが，1等及び2等車は車体の幅が狭くて横手座席は無理であるため中央通路長手腰掛が従来使用されていた．しかし大形客車(車体幅2,590～2,610mm)採用の結果，2等車も横手座席にすることが出来るようになり，近距離用に固定背ズリ座席を，遠距離用に転換式背ズリ座席を採用する方針とした．転換式背ズリ座席は，大正10(1921)年東京—下関間の急行用として造られた1・2等合造車(後のナイロ29500形)が最初であり，大正13(1924)年からはこの方式の2等車も製作された．

大正12(1923)年7月に開始された3等特別急行列車(後の「さくら」)用として，大正14(1925)年に作られた3軸ボギー3等車(スハ28400及びスハフ28800形)には，背ズリが同一方向に傾斜している2人用腰掛が設備され，背ズリの裏側には小さい折たたみテーブルが2個ずつ取付けられていて，定員は80人(座席間隔800mm)であった．また昭和2(1927)年大井工場で作った木製1等車オイ27800形(旧形式オイ28800形)は中央通路の片側は2人掛，他の側は1人掛の固定横手座席で，定員は46人であった．しかし当時唯一のこの1等座席車は，昭和初年の不況により，白帯を青帯に塗り替えて2等車に格下げされた．

客車設備の改良については，最初の客車がイギリス製であったので窓はその後長い間下降式であったが，雨水やごみが常に腰羽目内に侵入して長土台や柱を腐蝕させる欠点があったので，大正12(1923)年度設計の客車から合衆国風の上昇式窓に変更した．上昇式窓が採用出来たのは，大形客車では車側が高くなり，幕板のケタを高くし得たためである．その後大正14(1925)年12月横須賀線及び東京—国府津間が電化されて電気列車を運転することになったので，この区間のいわゆる湘南列車に対して電気暖房が装置された．またこれに関連して客車の給水装置について，従来は駅員の1人が屋根へ上って注水口から屋根タンクへホースを差込み，他の者がホームの上の車付水タンクの手押ポンプによって給水していたが，上記の湘南列車の電化に伴い，屋上での給水作業が架線のために危険になったので，屋根水タンクに立上り管を設け，駅注水設備の水道圧力を利用して下から押上げて給水する方式によることにした．ブレーキ装置については，従来の真空ブレーキを空気ブレーキに変更することが大正8(1919)年に鉄道省において決定され，大正10(1921)年にその取付が開始された(完成は昭和6年上半期)．連結器については，大正14(1925)年7月ネジ・リンク式連結器を一斉に自動連結器に取替えたが，これに伴い台ワクの中バリだけが車端衝撃をうける様になり，さらに垂直荷重も中バリで担うため(木製車ではこの方式によらざるを得ない)魚腹形台ワクが必要になり，大正15(1926)年度からの新製車にはこれを採用した．

4・3 寝台車の発達

明治43(1910)年，新橋工場で鉄道院最初の2等寝台車が出来上がったので，東海道線の急行に使用され，引続き44年度基本のボギーや合衆国のブリル会社から輸入したいわゆるブリル台車をはいた2等寝台車が新橋・神戸工場でつくられた．鉄道国有後の寝台車運行状況はつぎのとおりで，1・2等寝台車は大正中期までに主要路線に行き渡った．

明治43(1910)年9月	2等寝台	新橋—神戸間	大正6(1917)年4月	2等寝台	門司—鹿児島間
〃 43(1910)年12月	1等寝台	門司—鹿児島間	〃 6(1917)年6月	〃	上野—青森間
〃 43(1910)年12月	〃	門司—長崎間	大正7(1918)年4月	〃	門司—長崎間
明治44(1911)年7月	〃	函館—旭川間	〃 7(1918)年6月	〃	函館—滝川間
大正3(1914)年12月	2等寝台	京都—下関間	大正8(1919)年12月	〃	明石—直江津間
大正4(1915)年4月	1等寝台	上野—新潟間	〃 8(1919)年12月	〃	上野—新潟間

日本最初の山陽鉄道の1等寝台車はプルマン車式共同室のものであったが（ただし下段は車体が狭いため長手腰掛になっている），官鉄のものは欧州式の区分室のものであった．そしてその後も1等寝台車は片側廊下の区分室式のものが基本形になった．これに対し2等寝台車は，最初からプルマン車式の中央通路大部屋舟形寝台配置のものが用いられた．ただし客車の幅が狭いため，昼間は下段寝台のまま長手腰掛として使用した．そして大正8(1919)年以降，大形客車になってもこの形式が簡単であるのでそのまま用いられた．2等寝台は，初め室の中央の寝台のみ幅を広くできるものとして，これを2人寝台（2人の中1人は「小児に限る」ということになっていた）としていたが，大正後期に廃止された．寝台の仕切は初めヒンジ付2枚折りのソデを差込んだが，大正中期以降引出しトビラ式のソデとした．なお最初は上・下段とも寝台料金は同じであったが，大正8(1919)年1月から上下差別料金となった．

4・4 展望車の誕生

鉄道国有後明治40(1907)年3月には新橋—下関間に，明治42(1909)年12月，上野—平間に（大正6年6月に青森まで延長），明治45(1912)年6月，新橋—敦賀間に急行運転を拡張したが，このころ鴨緑江（ヤール一川）の架橋が完成したので，朝鮮・南満州・東支鉄道の急行列車に接続して迅速な亜欧連絡輸送をはかるため，明治45(1912)年6月，新橋—下関間に特別急行列車（所要時間25時間8分）を創設した．この特急列車は後に「富士」号と称せられたもので，これに初めて前年度に計画製作された展望車が連結された．そして大正12(1923)年にはこの編成は在来の中形車に代えて全部大形車に変更された．

4・5 食堂車の発達

鉄道国有後，食堂車の運営はつぎの様な状態で東海道以外の各線にもおよぼされた．国有前の食堂車における料理の調進は，官設鉄道では業者に請負わせ，山陽鉄道では会社の直営であったが，明治42(1909)年8月以降，すべて営業を請負に付した．

明治41(1908)年4月	門司—長崎間	明治42(1909)年9月	東北線
明治41(1908)年7月	門司—人吉間(11月に鹿児島に延長)	大正5(1916)年4月	函館—札幌間
		大正9(1920)年3月	上野—青森間（奥羽線経由）

食堂車には前述の様に2軸ボギー車の和食堂車と，3軸ボギー車で洋食堂車がつくられていたが，大正13(1924)年，食堂業者を招いての会議で，和食堂業者から大形客車となった今日洋食堂形式にしても給仕および調理上何等差支えないという答申があったので，大正14年度新製の食堂車から窓に向って腰かける和式食卓配置を廃止した．また食堂車は乗客が直接乗降する車ではないから，昭和以後出入台を廃止し，この部分を物置とした．

5　戦前の鋼製客車

5・1　最初の鋼製客車

乗客の安全のため，客車を鋼製化しようという話がおこったのは，大正12(1923)年頃である．その後，外国鋼製車の比較調査を行ない，大正14(1925)年試験設計計算，15(1926)年度に本設計・製作に着手，昭和2(1927)年3月最初の17m鋼製2軸ボギー3等車オハ44400形（後のオハ32000形，現在のオハ31形）及び20m鋼製，3軸ボギー

荷物車カニ49900形(後のカニ39500形,現在のカニ29形)が誕生した．この車両の主要寸法は，木製大形客車とほぼ同じで，台ワクは合衆国幹線用客車にならい魚腹形中バリ，車体外側は鋼板張りであるが，屋根は従来通り二重屋根で鉄タルキに木製屋根張り，内部は木製とした半鋼製車(省では鋼製車とよぶ)で，ボギーは在来のツリアイバリ式基本ボギー(TR11またはTR71)であった．そしてこれと相前後して各車種の鋼製車も製作されたが，いずれもそれらが該当する従来の木製大形客車をそのまま鋼製にしたようなもので，車内設備は別に変えられず，台ワクは魚腹形中バリを持ち，ボギーはTR11(2軸ボギー)及びTR71(3軸ボギー)で，連結面間長さは2軸ボギー車が17m，3軸ボギー車が20mであることも従来通りであった．当時造られた鋼製車の主なる形式は第1表のとおりである．

第1表　　　　最初の鋼製客車の主な形式

車種		形式							製造年(昭和)	35年度末現在
		落成当時		昭和3年以降		昭和16年以降	昭和28年以降	その後の変更		
		記号	形式	記号	形式					
3軸ボギー車	1等寝台車	マイネ	48120	マイネ	37100	マイネ 37	マイネ 29	マロネ 48	3	
	1等寝台緩急車	マイネフ	48260	マイネフ	37200	マイネフ 37	マイネフ 29	マロネフ 48	3	現車なし
	2等寝台車	マロネ	48500	マロネ	37300	マロネ 37	マロネ 29		3	
	2等寝台緩急車	マロネフ	48580	マロネフ	37500	マロネフ 37	マロネフ 29		3,4	
	食堂車	スシ	48670	スシ	37700	スシ 37			3,4	現車なし
	荷物車	カニ	49900	カニ	39500	カニ 37	カニ 29		2	
		カ ニ		カ ニ	39550	カニ 37	カニ 29		5	
2軸ボギー車	2等車	オロ	41700	オロ	30600	オロ 30		オハ 27	2	
	〃	オロ	41700	オロ	30600	オロ 31		オハ 27	2〜4	
	2・3等車	オロハ	42350	オロハ	31300	オロハ 30		オハ 26	3,4	
	3等車	オハ	44400	オハ	32000	オハ 31			2〜4	
	3等緩急車	オハフ	45500	オハフ	34000	オハフ 30			2〜4	
	3等荷物車	オハニ	47200	オハニ	35500	オハニ 30			3	
	郵便車	スユフ	47500	スユ	36000	スユ 30			2	
	郵便荷物車	スユニ	47600	スユニ	36200	スユニ 30			2,4	
	荷物車	スニ	47800	スニ	36500	スニ 30			2〜4	
				ス ニ	36650	スニ 30			5,7	

5・2　長形客車の誕生

昭和2(1927)年に行なった鋼製客車車体の荷重試験により，中バリを魚腹形にする必要が無いことが判った．そこで3年に設計の根本的変更を行ない，同4(1929)年度製の客車から溝形鋼の通し台ワク(UF21)を採用し，この際2軸ボギー車も3軸ボギー車もすべて今後は連結面間20mということにした．ただ屋根は従来通り二重屋根であり，この新形式2軸ボギー客車は「長形」と通称せられた．この時代の客車の代表的なものは，スハ32600形(後のスハ32形)である．

また，最初の鋼製客車の台ワクの自動連結器の両側に設けられた突当座は長形台ワクの採用と共に小形のものとし，ついで昭和6(1931)年以降はこれを廃止した．さらにこれまで側鋼板の継目は，柱部で目板を用いて継いでいたが同4(1929)年からは溶接で板をついで取付けることにした．そしてその柱及びケタへの取付けは，初めは全部リベットで取付けていたが，同5(1930)年頃から窓の上下および四周のみリベット取付けとし，柱へは溶接取付けとした．ボギーは，大正3年頃からの球山形鋼の台車ワクを持ったツリアイバリ式を昭和3年で打切ることとし，同4(1929)年長形台ワクの採用と同時に鋳鋼の軸箱モリとI形鋼で組立てた台車ワクを持った軸バネ式のTR23(2軸ボギー)及びTR73(3軸ボギー)を使用することになり，輪軸も12t長軸を用いることにした．

第2表　　　　　　　　　長形客車誕生時代の主な形式

車　種		形　式					製造年(昭和)	35年度末現在
		落成当時		その後の変更	昭和16年以降	その後の変更		
		記号	形式					
3軸ボギー車	1等展望車	スイテ	37000		スイテ　38	スイテ382→マイテ3921	5	現車なし
	〃	スイテ	37010		マイテ　39	マイテ3911→マロテ3911	5	
	〃	マイテ	37020		スイテ　48		6	現車なし
	〃	スイテ	37030		スイテ　47	マヤ47→マイ47→マイ98	5	現車なし
	1等寝台車	マイネ	37130		マイネ　38	マロネ49	5	現車なし
	1等寝台緩急車	マイネフ	37230		マイネフ　38	マロネフ49	5	
	1・2等寝台緩急車	マイロネフ	37280		マイロネフ37	マイロネフ29→マロネフ38→マロネフ58		
	1等寝台2等車	マイネロ	37260		マイネロ　37　マイネロフ37	マイネロフ29＜マロネフ38　マイフ29	6	
	2等寝台車	マロネ	37350		マロネ　37	マロネ29	5，6	
	2等寝台緩急車	マロネフ	37550		マロネフ　37	マロネフ29	7	
	1等食堂車	マイシ	37900	マロシ　37900	マロシ　37	マハシ49→スハシ38	6	
	2等食堂車	スロシ	37950		スロシ　38	マハシ49＜スハシ38　スハシ37→スハシ29	7	
	食堂車	スシ	37740		スシ　37	スシ28　マシ29	5，6	
2軸ボギー車	1・2等緩急車	スイロフ	30550		スイロフ　30		7	
	2等車	スロ	30800		スロ　32		4	
	〃	スロ	31000		スロ　33		4，5	
	〃	スロ	30750		スロ　34		5	
	2等緩急車	スロフ	31200		スロフ　30		4，5	
	〃	スロフ	31250		スロフ　31		5	
	2・3等車	スロハ	31450		スロハ　31		5，7	
	2・3等緩急車	スロハフ	31700		スロハフ　30		6，7	
	3等車	スハ	32600		スハ　32		4～6	
	〃	スハ	33900	スハ　32550　スヘ　32550	スハ　33　スヘ　30	スハ33	5	
	3等緩急車	スハフ	34200		スハフ　32		4～7	
	〃	スハフ	35250	スヘフ　35250	スヘフ　30	スハ33	5	
	3等郵便車	スハユ	35300		スハユ　30		5	
	3等荷物車	スハニ	35650		スハニ　31		5	
	郵便車	マユ	36050		マユ　31		7	
	荷物車	マニ	36700		マニ　31		6，7	

注：スハユ30は1938(昭和13)年に丸屋根のもの(スハニ35700形)から3両改造されている．

　一方，車内設備としては，長形客車になってからは，3等車については，17m80人の定員が20mになっても88人でおさえて，1人当たり0.42m²が0.47m²となって3等客優遇の実をあげた．また空気ブレーキの採用により圧力空気が利用出来るようになったので，同4(1929)年から屋根水タンクによる給水をやめ，台ワク下に水タンクを吊って空気圧力により水を押上げるという現在の水揚装置が生れた．そしてこのため屋根水タンク時代357ℓであったものが，床下水タンクになって約500ℓにふやし，同6(1931)年以降は700ℓとさらに大きくなった．
　この時代に造られた客車の主なる形式は第2表のとおりである．ただ昭和5(1930)年に製造されたスハユ35300形(現在のスハユ30形)及びスハニ35650形(現在のスハニ31形)は，連結面間長さは20mであるが魚腹形中バリを使用している．これは当時，郵便車や荷物車の様に側に大きな出入口のあるものは，この部分を強固に補強するよりむしろ魚腹形中バリを使用した方が得策であるという考え方にもとづいて製作されたものである．しかし，この考え方も昭和6(1931)年製のマニ36700形(現在のマニ31形)から捨てられ，すべて溝形鋼通し台ワクに

なった.

　1等展望車スイテ37000形3両(スイテ37000,37001は後のスイテ38,37002は「つばめ」用として37030に改造,後のスイテ47)は昭和5(1930)年特急「富士」の編成を鋼製とするに当って,在来のオイテ27000形に代って登場した洋式展望車であり,スイテ37010形(後のスイテ39→マイテ39)は同じ目的のために造られた2両の和式(桃山式)展望車である.スイテ37020形(後のスイテ48)は,昭和5年10月から東京—神戸間に運転された各等超特急「つばめ」用として,昭和6(1931)年に2両新製されたものである.

　1等寝台車マイネ37130形(後のマイネ38)には特別室を設け,マイネフ37230形(後のマイネフ38)は全部2人用の区分寝室になっている.1等寝台2等車マイネロ37260形(後のマイネロ37及びマイネロフ37)は昭和6(1931)年新製と共に函館—旭川間に運転され,後に,3両のみ緩急車に改造して特急「臨時つばめ」「かもめ」等に一時使用された.1・2等緩急車スイロフ30550形(後のスイロフ30→スロハフ31)は,すでに丸屋根が採用された昭和7(1932)年に皇族あるいは貴賓用として貸切使用するため2両製作されたものであるが,二重屋根で初期の長形客車の外形を持っていた.1等食堂車マイシ37900形(後のマロシ37)は昭和6(1931)年製作され,門司—鹿児島及び長崎間で使用されたが,昭和10(1935)年以降はマロシとなって,大阪—大社間の急行に連結された.3等車スハ33900形(後にスハ32550形に形式変更)及びスハフ35250形は,昭和5(1930)年3等特急「さくら」用として新製された定員80人(ハの場合)の一方向き腰掛のものである.

5・3　丸屋根の採用

　二重屋根は強度・雨もり・工作・死重のいずれの点からも感心出来ない存在であったが,その廃止に対しては「内部の見付け上捨てがたい風情がある」という相当根強い反対があった.そのため,丸屋根の採用がおくれ,廃止の主張の通ったのは昭和6(1931)年度設計のものからであった.そして,昭和7(1932)年以降新製の3等車スハ32800形(後のスハ32)は丸屋根になり,便所・化粧室と客室との間に仕切戸が設けられ,さらに昭和8(1933)年度からは背ズリにもフトンが取付けられた(スハ32170以降).なお北海道用の車は2重窓のため,広窓のオハ35形が生れた後もスハ32で昭和17(1942)年までつくられていた.また昭和10(1935)年頃から外側鋼板の取付けはすべて溶接によるようになり,台ワクも昭和13(1938)年度のもの(UF38)から全溶接構造となった.なお丸屋根の採用は,前記3等車に先がけて昭和6(1931)年1月に完成したわが国で初めての3等寝台車スハネ30000形(後のスハネ30)が最初で,上段寝台のために絶対丸屋根でなくてはならぬということでまっ先に実現したものである.この車は完成と共にまず東海道線に使用された.そして3等寝台車は翌7(1932)年から,寝台の廊下側にカーテンを附したスハネ30100形(後のスハネ31)となり,数年にわたって増備され,全国の主要列車にはすべて連結された.

　また丸屋根の採用と共に欧州風の切妻の採用も考慮されたが,従来の客車と連結する場合の外観等を考慮して見送られた.しかし従来の客車と連結する必要のない御料車及び供ぶ車については,昭和6年度新製のものから切妻となっている.

　この時代に製作された客車の主なる形式は,第3表のとおりである.2等寝台車マロネ37480形(後のマロネ38.戦後マイロネ38と称されたこともある)は,昭和9(1934)年12月から1等車の連結が東京—下関間に限られたので,特別室付2等寝台車として昭和10(1935)年度に製作されたもので,当時常磐線の急行とこれに連絡する北海道の稚内港までの間に使用された.2等寝台2等車マロネロ37600形(後のマロネロ37→マロネ38)は当時普通列車やローカル線用寝台車として使用されていた木製車の代用車として昭和12(1937)年より製作されたものである.昭和11(1936)年より製作された2等車スロ30770形(後のスロ34)は給仕室付で特急「つばめ」などに使用され,昭和10(1935)年より製作された3等車スハ33000形(後のオハ34)は定員80人で,スロ30850形(後のオロ35)と共に特急「富士」に連結された.また昭和10(1935)年度以降の荷物車のトビラ類は,従来の木製に代って鋼板張りとなって丈夫になった.

第3表　　　　　　　　　丸屋根採用時代の主な形式

車　種		形　　　　　　　　　式					製造年(昭和)
		落成当時		その後の変更	昭和16年以降	その後の変更	
		記　号	形式				
3軸ボギー車	2等寝台車	マ　ロ　ネ	37400		マロネ　37	マロネ29	10, 14～16
	〃	マ　ロ　ネ	37480		マロネ　38		10, 11
	2等寝台緩急車	マロネフ	37560		マロネフ37	マロネフ29	13
	2等寝台2等車	マロネロ	37600		マロネロ37	マロネロ38＜マロネロ38／マロ　　38	12, 14
	2等食堂車	ス　ロ　シ	38000		スロシ　38	マハシ49＜スハシ38／スハシ37→スハシ29	8～10
	食堂車	ス　　　シ	37800		スシ　37	スシ28／マシ29	8～10
2軸ボギー車	3等寝台車	ス　ハ　ネ	30000		スハネ　30	オハ34→スハネ30	6
	〃	ス　ハ　ネ	30100		スハネ　31	オハ34→スハネ30	7～12
	2　等　車	ス　　　ロ	30770		スロ　　34		11, 12
	〃	ス　　　ロ	30850		オロ　　35		9～16
	2等緩急車	ス　ロ　フ	31050		オロフ　32		9, 12
	2・3等車	ス　ロ　ハ	31500		スロハ　31		7, 10～14
	2・3等緩急車	スロハフ	31750		スロハフ30		7
	3　等　車	ス　　　ハ	32800		スハ　　32		7～17
	〃	ス　　　ハ	33000	スハ33900→スハ33980	オハ　　34		10, 11
	3等緩急車	ス　ハ　フ	34400		スハフ　32		7～16
	3等荷物車	ス　ハ　ニ	35700		スハニ　31		7, 8, 10～13
	郵便車	マ　　　ユ	36100		マユ　　32		10
	〃	マ　　　ユ	36120		マユ　　33		12, 13
	〃	マ　　　ユ	36150		マユ　　34		13
	郵便荷物車	マ　ユ　ニ	36250		マユニ　31		10, 11
	荷物車	マ　　　ニ	36750		マニ　　31	一部マニ32	7～14

　昭和10(1935)年夏，特急「富士」の1等寝台車(マイネ38)の喫煙室をつぶしてシャワーバスの浴室を設備したが，たいして利用者がないので13(1938)年限りで中止されてしまった．

5・4　広窓の採用

　昭和13(1938)年頃から座席車の窓幅を大きくすることが試みられ，スロ30960形(現在のオロ36)2等車には幅1,300mmの窓が採用されたが，その後，2等車では窓幅1,200mm，3等車では1,000mmを標準とすることになっていわゆる広窓の明るい客車が現れることになった．この形の代表的なものは，昭和14(1939)年から製作され始めた広窓3等車スハ33650形(現在のオハ35)及び昭和15(1940)年から造り始めた広窓2等車オロ31120形(現在のオロ40)である．なお強度上鋼板をはってある側部を出来るだけ高く造りたいという考え方から，柱の上部を曲げて屋根の途中まで伸ばし，鋼板を屋根の途中のこの部分まで張り上げたいわゆる長柱を使用した客車が広窓と同時に現われ始めた．この形の客車は，初期のオロ40，オハ35，マニ32等に見られる．この時代に製作された客車の主なる形式を第4表に示す．

　1等展望車スイテ37040形(後のスイテ49→マイテ49→マロテ49)は昭和13(1938)年9月製で最初の丸屋根展望車であり，最初から冷房装置をつける様に設計されていた．この車は，2両製作され，マイテ39と共に特急「富士」に使用された．また同じくスイテ37050形(後のスイテ37→マイテ58→マロテ58)は，昭和14(1939)年特急「かもめ」運転開始に伴い，その専用展望車として木製車オイテ27000形から鋼製化された車(2両)である(この車の

第4表　　　　　　　　広窓採用時代の主な形式

車　種		形　　　　式				製造年 (昭和)
		落成当時		昭和16年以降	その後の変更	
		記号	形式			
3軸ボギー車	1等展望車	スイテ	37040	スイテ　49	マイテ49→マロテ49	13
	〃	スイテ	37050	スイテ　37	マイテ58→マロテ58	14
	1・2等寝台緩急車	マイロネフ	37290	スイロネフ38	スイロネ37	13
	食堂車	ス　シ	37850	スシ　38	マシ38	11～13
2軸ボギー車	2　等　車	ス　ロ	30960	オロ　36		13, 14
	〃	オ　ロ	31120	オロ　40		15～17
	2等緩急車	オロフ	31100	オロフ　33		14
	2・3等車	スロハ	31550	スロハ　32		14, 16
	3　等　車	ス　ハ	33650	オハ　35		14～18
	3等緩急車	スハフ	34720	オハフ　33		14～18
	3等郵便車	スハユ	35330	スハユ　31		15
	3等荷物車	スハニ	35750	スハニ　32		14
	荷物車	マ　ニ	36820	マニ　32		15～17

注：1・2等寝台緩急車スイロネ37はその後次のとおり改造された
　　スイロネ371→14号
　　スイロネ372→マイロネ391→マロネ581→スヤ3911
　　スイロネ373→マイロネフ381→マロネフ591

完成まではマイネロフ37を代用に使用していた).

　1・2等寝台緩急車マイロネフ37290形(後のスイロネフ38)は，昭和13(1938)年9月に皇族専用車として3両製作されたもので，広い区分室2つのほかプルマン式の開放寝室を持っている．食堂車スシ37850形(後のスシ38)は昭和11(1936)年8月落成したもので，わが国で最初の冷房装置付の客車である．そして昭和11(1936)年夏にはこの車1両に，翌12(1937)年には同じく2両に冷房装置が設備され，特急「つばめ」に連結された．この冷房装置は，いずれも車軸発電機によって発生させた電力によって冷凍機を運転する方式で，荏原製作所・東京芝浦電気および川崎重工が分担製作した．そしてさらに翌13(1938)年には，特急「かもめ」の食堂車1両に直接駆動式冷房装置すなわち車軸の回転を直接冷凍機に伝えてこれを運転する方式のもの(川崎重工製)を取付けたが，戦争のため昭和15(1940)年限りでこれらの使用を停止した．

　なおスシ37818(後のスシ3776→スシ28151)は，昭和10(1935)年に焼失車(スシ37728)を復旧したものであるが，上記スシ38に先がけて食堂の窓を幅1,200mmの広窓としてある(台ワクは魚腹形のまま)．

6　戦中・戦後の混乱時代

6・1　戦時中の改造

　日華事変が深みに入り込むにつれて，軍需工業の膨張のため工具の通勤輸送について特別の考慮を払う必要を生じ，昭和15(1940)年度から通勤専用車への改造が開始され，木製の優等車などを3等車に更生した．また古い木製3等車は座席を減らして収容力を増すように改造され，側出入口が新設された．昭和12(1937)年頃には，スハ33000形(オハ34)の出現以来予備車となっていた一方向き座席の3等車スハ32550形及びスハフ35250形がたたみ敷きの病客車スヘ32550形(後のスヘ30)及びスヘフ35250形(後のスヘフ30)に改造された．一方鋼製及び木製車

のうちとくに選ばれた100両余が標準軌間用に改造されて華中鉄道へ転出した（長軸のため比較的簡単に改造された）．

太平洋戦争が始まると，優等車の新製は昭和16(1941)年で打切られ，3等車も17(1942)年度に73両新製されただけで客車の増備は禁止された．ただ昭和18,19(1943,1944)年に製作された樺太鉄道向の3等車の一部は輸送できず，内地に置かれたままになった（これは昭和24年スハ32869〜32873となった）．また昭和16年6月をもって使用停止された3等寝台車はすべて3等車（オハ34に併合）に改造され，3等車も昭和18(1943)年度以降座席減少・立席増加の改造が行なわれた．これは客室両端の各12人分の横手座席を撤去して各8人分の長手腰掛を置き，さらにツリ手を設けて，座席80人，立席20人の3等車に改造したものである．そして昭和19(1944)年秋には寝台車及び食堂車の使用が全面的に禁止され，これ等の優等車を3等車に改造し，上記立席増加改造で撤去した腰掛を窓配置に無関係にならべた座席80人，立席20人の3等車（マハ47形式その他）が出現した．これらの改造による主な形式変更を第5表に示す．

第5表　戦時中の3等車改造及び定員増加改造の主なもの

改造前			改造後					
車種	形式	定員(座席)	車種	形式（当時）	形式（昭和28年以降）	座席	立席	計
1等寝台車	マイネ 37		3等車	マハ 37	マハ 29	79	21	100
2等寝台車	マロネ 37		〃	マハ 47	マハ 29	80	20	100
2等寝台緩急車	マロネフ37		〃	マハ 47	マハ 29	80	20	100
2等寝台2等車	マロネロ37		〃	マハ 47	マハ 29	80	20	100
食堂車	スシ 37		〃	マハ 47	マハ 29	80	20	100
〃	スシ 37		3等車(料理室付)	スハシ48		52		52
2等食堂車	マロシ 37		〃（〃）	マハシ49		56	10	66
〃	スロシ 38		〃（〃）	マハシ49		56	10	66
3等寝台車	スハネ 30		3等車	オハ 34		80		80
〃	スハネ 31		〃	オハ 34		80		80
3等車	オハ 31	80	〃	オハ 41		72	20	92
〃	スハ 32	88	〃	スハ 36		80	20	100
〃	オハ 35	88	〃	オハ 40		80	20	100
3等緩急車	オハフ 30	72	3等緩急車	オハフ40		64	20	84
〃	スハフ 32	80	〃	スハフ35		72	20	92
〃	オハフ 33	80	〃	オハフ34		72	20	92
3等荷物車	スハニ 31	50	3等荷物車	スハニ33		46	10	56
〃	スハニ 32	48	〃	スハニ34		44	10	54

6・2　戦災復旧客車

戦争により多くの客車が戦災を受け，これらの戦災客車のうち900両余は廃車となった．戦後，客車の戦災と駐留軍の車両徴用のために生じた異常な輸送混雑の応急策として，昭和21(1946)年から戦災客車および電車を通勤用3等車へ復旧する工事が行なわれた．この改造の主なるものは第6表のとおりである．すなわち昭和21(1946)年から24(1949)年までの間に，通勤用3等車としては17m2軸ボギー車のオハ70，20m2軸ボギー車のオハ71およびオハフ71，20m3軸ボギー車のオハ77（後のオハ78）が造られ，この他荷物車・郵便車としては17m2軸ボギー車のスニ70，20m2軸ボギー車のマニ71，スユ71，20m3軸ボギー車のマニ77（後のマニ78）が製作された．オハ70のうち元客車のものは側に出入口（幅800mm）が2個で定員99人（座席41，立席58），元電車のものは側に出入口（幅1,100mm）が3個で定員85人（座席37，立席48）．オハ71のうち元客車のものは側に出入口（幅800mm）が3個で定員113人（座席47，立席66），元電車のものは側に出入口（幅1,100mm）が3個で定員108人（座席48，立席60）が基準で

あり，種車の種類によってその構造もまちまちであったが，一般に板張の長手腰掛，窓は戸錠のない上下の2枚ガラス戸，電灯はグローブなしの裸電球で，天井板がなく屋根板やタルキが丸見えで，腰掛の前にツリ手をつけてあるという構造であった．

この後，新製車も出まわるようになり木製客車の鋼体化も計画的に始まるにつれて，この様な粗末な車を旅客用に使用するわけに行かなくなったので，戦災復旧客車はすべて荷物車・郵便車等に改造することになり，昭和25(1950)年から29(1954)年の間に3等車は再改造された．この結果，オハ70はスニ73，スニ75に，オハ71はオユニ71，オユニ71，スユニ72，マニ74，マニ76に，オハフ71はスユニ72に，オハ77(後のオハ78)はマユニ78にそれぞれ再改造され，スユ71も整備されてスユ72となっ

第6表　戦災復旧客車の改造経過

	第1次改造					第2次改造				
	昭21	22	23	24	25	昭25	26	27	28	29
17m 2軸ボギー車	←　オハ70　→				←オユニ70→ スニ73				←スニ75→	
	←スニ70→									
20m 2軸ボギー車	←　オハ71　→				オハユニ71 オユニ71 マニ74			マニ76 スユニ72		
	←オハフ71→									
	←スユ71→				スユ72					
	←マニ71→				マニ72					
	スヤ71									
20m 3軸ボギー車	オハ77(オハ78)							←マユニ78→		
	マニ77(マニ78)									

た．また昭和25(1950)年には正式の荷物車設備を備えたマニ72も生れている．

昭和29(1954)年をもって戦災復旧車はすべて郵便車・荷物車またはその合造車となったが，もともと資材が悪く，しかも欠乏した時期に応急的に製作したものであるため，電気系統その他に故障が多く，最近だんだん使用にたえないものがでてきた．そこでこれらの車は営業用から外されて事業用車となり，救援車・配給車等に再改造されるものが多くなってきている．

なお戦災復旧車の中で状態が良く，元の車とほとんど変らないものについては，70代の形式とせずスハ32及びオハ35に編入されたものもある(スハ32864，32865，32875，32876，オハ35694，35696)．

6・3　駐留軍用客車

昭和20(1945)年9月，連合軍が進駐し，交通網把握の一環として，まず所要車両の専用指定が各地において行なわれた．専用指定は同年9月4日，京都における寝台車を最初として急速に進められ，昭和22(1947)年2月には約900両の客車(当時の国鉄所有客車の約1割)が指定された．そしてこの中には御料車10号(オイテ10)，11号(オシ11)も含まれていた．第3鉄道輸送司令部は昭和20(1945)年10月，一部の専用客車の車体両側車両番号上部に白色で「SEATTLE」，「RICHMOND」等各種の文字を標記するように指令した．これが軍名称の始めとなり，以後軍用客車に対し次々に米国の州名・都市名・有名地あるいは鳥の名等を冠して呼称することになり，昭和27(1952)年までこの制度は継続された．

軍用客車の呼称については，当初一般客車と同様の記号番号を使用したが，記号を異にするのみで同一番号のものがあり(例えばマイロネ381とスイロネフ381)，仮名文字の読めない外人側と連絡上しばしば錯誤を生ずるこ

とが起こった．

そこで昭和21(1946)年3月，第3鉄道輸送司令部は，記号なしで数字のみによって区別し得る様な車両番号をつけることを提案し，同年5月より軍用客車には第7表の様な軍番号を使用することになった．そして軍用客車では従来の番号標記位置にこの軍番号を書き，国鉄本来の番号は隅の形式標記位置に書くことにした．また進駐当初，軍用客車は1等または2等などの等級帯の上に「U.S. ARMY」と標記して一般車と区別していたが，昭和21(1946)年10月より軍用客車の等級帯をすべて巾8インチの白色帯とし，その上に「U.S. ARMY」と黒で標記する様になった．この「U.S. ARMY」の標記は1ヵ月後荷物車・郵便車を除き「ALLIED FORCES」に変更された．軍番号付の客車は特別軍用客車と呼称され，この他に臨時に徴発される可能性の多い客車はとくに常時整備をしておくために，普通軍用客車と称して相当数が鉄道局別にプールされていた．

軍用客車はそれぞれの使用目的に応じて種々改造されたが，中には従来の営業車にみられなかった特殊構造の車も多数誕生した．販売車・ラジオ車・教育車・通信車・酒保車・事務車・衛生車等がそれで，昭和21(1946)年6月，これら特殊目的の車両を一括して「軍務車」と呼称し，「ミリタリー・カー」の頭文字をとって記号「ミ」を用いることにした．また傷病兵輸送のための病院車・衛生車，兵員輸送のための簡易寝台車・部隊料理車(ワキ1を改造したホシ80)，自動車をのせる軍用運搬車(チホニ900形)等もつくられた．

昭和21(1946)年軍用客車の一部に冷房装置を取付けることになり，戦前試用された川崎重工業製の直接駆動式冷房装置(KM2・3形)を製作，同年8月軍用の展望車2両，食堂車1両，病院車2両への取付が完成した．こ

第7表　　　　　　　　　　　軍用客車の軍番号のつけ方

車　　種	米軍の呼び方	軍番号
1等寝台車(寝台数 20)	20 Berth Compartment sleeper	1000代
〃　(〃 　18)	18 Berth Compartment sleeper	1100〃
〃　(〃 　16)	16 Berth Compartment sleeper	1200〃
1・2等寝台車	Combination sleeper	1300〃
2等寝台車(寝台数 28)	28 Berth Standard sleeper	1400〃
〃　(〃 　24)	24 Berth Standard sleeper	1500〃
2等寝台2等車	Combination standard sleeper & coach	1600〃
特　別　車	Special car	1700〃
軍　団　長　車	Corps commander's car	1800〃
地区司令官車	Superintendent's car	1900〃
簡易食堂車	Restaurant car	2000〃
展　望　車	Observation car	2100〃
食　堂　車	Dining car	2200〃
2　等　車	2nd class coach	2300〃
3　等　車	3rd class coach	2400〃
2等荷物車	Combination coach & baggage	2500〃
2・3等車	2nd & 3rd class coach	2600〃
酒保車，販売車	P.X.car ; Commissary car	2700〃
クラブ車，巡回車	Club lounge car ; Patrol car	2800〃
病　院　車	Hospital car	2900〃
衛　生　車	Laboratory car	2950〃
荷　物　車	Baggage car	3000〃
ラジオ車	Radio car	3100〃
事　務　車	Administration car	3150〃
郵　便　車	Mail car	3200〃
部隊料理車	Troop mess car	3300〃
簡易寝台車	Troop sleeper	3400〃
暖　房　車	Heater car	3500〃
区分軍用客車	Partition car	700〃
雑	Miscellaneous	800〃
軍用運搬車	Passenger car for weasel	900〃

れに続き22(1947)年春さらに3両の取付を行ない，続いて食堂車と一部の寝台車(将官用)など22両に取付け，同年夏には30両の冷房付軍用客車が運転される様になった．

以上の様な経過をたどった軍用客車も，昭和23(1948)年以降，進駐兵力の漸減に伴い次第に返還され，とくに昭和27(1952)年に入ってからは軍側の新規要求はほとんどなく，極く少数の車両の改造が行なわれたのみであった．そして同年4月1日から講和発効に先がけて従来の「専用車」は「貸渡車」となり，一方返還客車の復元工事も軌道に乗って，特殊構造の客車も次第に昔の形に改造され，一般営業に使用されるようになった．

7 戦後の客車(軽量客車以前)

7・1 新製車(一般車)

昭和21(1946)年1月から再び3等車オハ35の新製が始められた(オハ35582号車から)．はじめは戦前のままの設計であったが，オハ35700号車からは製作簡易化のために屋根が切妻式となった．しかし妻壁両側の逃げや台ワク端部の絞り等は従来のままである．この頃は，資材が思う様に入手できなかったため，屋根が従来通りのものや鋼板張りのもの，台車も従来通りTR23のものやこれにコロ軸受をとりつけたTR34のもの，室内羽目板にジュラルミン板をはったもの等種々の構造のものが入り混って出場してきた．また昭和22(1947)年からは3等緩急車オハフ33の製造も開始されたが(オハフ33347以降)，この構造もオハ35と同様まちまちである．

2等車についても，オロ40が昭和20(1945)年から製造され始めた(オロ4038以降)．この中でオロ4098～オロ40102の5両は車体外板及び内張板にジュラルミン板(当時の航空機用の残材)をはった．また昭和23(1948)年には，転換式定員60人(従来は64人)の2等車オロ41も新製された．これらの車の台車は，コロ軸受のTR34である(戦後，ベアリング工業を存続発展させるべく国鉄は積極的にコロ軸受の採用を決定し実行した)．

戦後の客車設計の最も大きな進歩の1つは台車設計の改良である．そしてウィングバネ式，鋳鋼台車ワクで揺レマクラツリを長くしたTR40台車をはいたスハ42及びスハフ41が昭和23(1948)年より新製された(台車の乗心地はよくなったが，重くなったためスハになった)．なおスハフ41は翌24年マイネ40の台車(TR34)と台車振替を行なってオハフ33(オハフ33607以降)に併合された．

昭和26(1951)年からは3等車スハ43及び3等緩急車スハフ42の新製が始まった．この車では，天井灯が2列になり，腰掛背ズリにもたれがつけられ，便器が埋込式になり，出入台に鋼製開戸が使用され，便所使用知ラセ灯が初めて用いられる等，種々設備の改善が行なわれた．また妻壁面を完全に平面とし，台ワクの車端の絞りもなくなり特に緩急車では車掌室を出入台の外に出し，尾灯が埋込式となった．そして翌27年製の車より(スハ4382～，スハフ4231～)床にリノリウムが敷かれ，扇風機や拡声器も取付けられた．この車に用いられている台車はTR47で，TR40のブレーキの調整を外側から出来る様にしたものである．

戦後，特急は昭和24(1949)年9月に東京―大阪間の「へいわ」(25年1月「つばめ」に改称)が復活し，25年5月には「はと」，26年春には3等特急「さくら」が増設され，同年秋には山陽特急「かもめ」も新設されることになっていた．これらの特急の3等車には普通の車を使用していたが，他の車種に比べて見劣りがするので，昭和26(1951)年特急用の3等車の新製が計画され，スハ44，スハフ43及びスハニ35がつくられた．これらの車は戦前のものと同様の構造の一方向きの腰掛であるが，出入台を後位のみとして，それだけ客室の長さを増し，しかも定員は戦前のものと同じ(3等車で80人)として1人当たりのスペースを大きくとった．

昭和27(1952)年からは，北海道向けの3等車スハ45及び3等緩急車スハフ44が新製された．広窓で2重ガラス戸を設けたのはオハ62と共にこの形式が最初である．その後客車の軽量化が進み，同じスハ43でも重量がだんだ

ん軽くなってきたが，昭和30(1955)年には，屋根を鋼板張りにし，内張りの合板をうすくし，台車の軸箱を軽量化する等部分的に軽量設計をとり入れたオハ46(オハ461～オハ4660)及びオハフ45がつくられた．そして従来のスハ43の中でも軽いものは，この際オハ46に形式変更することにし，番号の数字はそのままでオハ46に移行したものがかなりある．

7・2 寝台車

昭和21(1946)年8月，駐留軍の指令によってスイロネフ38と同じ構造の1等寝台車を製作することになり，工事に着手したが，翌22年5月この指令は撤回された．しかし工事は相当進捗していたのでそのまま続けられ，翌23年度に省で購入しマイネ40とした．そして昭和23(1948)年11月10日より東京―大阪間に運転され，戦後初めて日本人の乗れる寝台車となった．翌24年の夏までには冷房装置(KM4形)がつけられ，同年秋にはスハフ41形(20両，他の1両はスハ42)と台車をつけかえて，乗心地のよいTR40に変更された．もともとこの車には給仕室及び喫煙室がなかったので，一番前位の区分室を給仕室にし，さらに昭和27～28(1952～53)年には一番後位の区分室を喫煙室として，寝台数は区分室4，開放室16になっていたが，昭和30～31(1955～1956)年に更新修繕と共に車内配置の変更を行ない，片出入台・中央に喫煙室及び給仕室を置いた現在の形(寝台数は区分室6，開放室16)となった．なおこの車は国鉄の客車で初めてケイ光灯を用いたものである．

昭和25年(1950)年には，総司令部民間運輸局(CTS)の指令により，外人観光客のためということで1等寝台車マイネ41が新製された．この車はプルマン形の開放寝室で，当時つくられた特別2等車と共に国鉄で初めて室内を塗りつぶしたものであり，便所(洋式)・化粧室は男女別にわけられた(これは昭和32年に和式と洋式の別に改造された)．また，冷房装置は車軸発電機式のものが取付けられたが，昭和36～37(1961～1962)年にディーゼル発電機式のものに取替えられる予定になっている．

昭和25(1950)年には戦後初めての日本人向け2等寝台車(マロネ39)が現われた．この車は元マロネ37で，当時マハ47に改造されていたものを再改造したもので，片出入台・区分室式・寝台数32(普通のマロネは28であったが少しでも多くの客を乗せようということで，区分室として定員を多くした)である．そして翌26(1951)年3月には，マロネ39と同じ考え方の2等寝台車スロネ30が新製され，東海道線の急行に使用された．その後寝台車が増備された今日では，これら区分室式のものは団体貸切用として使用されている．

7・3 特別2等車

昭和24(1949)年春，総司令部民間運輸局より2等車を合衆国式のリクライニングシート付のものにせよとの強力な勧告があり，鋼体化改造中のオハ60を切替えてこれにあて，翌年春，スロ60として完成，4月11日の特急「つばめ」より使用が開始された．この車は最初1等車として計画され，冷房をつけ得るような構造となっていて，定員は44人である．ついで同年スロ50が同じく木製客車の台ワクを使用して生れた(新車用の費用で造ったので形式の数字は60代としなかった)．この車も冷房装置を取付け得る様になっており，座席間隔を少しつめて定員は48人となった．

一方新製車としての特別2等車も計画され，同年スロ51が生まれて全国の急行列車に連結された．この車からは冷房装置の取付準備工事を行なわないことになり，このためスロ50と同じ座席間隔で定員は52人となった．また北海道用のものは後に寒地向けに改造されてスロ52となった．昭和26(1951)年にはまた座席間隔を幾分広げて定員48人のスロ53ができ，翌27(1952)年からはケイ光灯付のスロ54が現われ，30年まで継続してつくられた．これらの車の台車はすべてTR40Bである．なおスロ50，51，52，53，60の各形式車は，昭和32～33(1957～1958)年度にすべてケイ光灯(座席灯の白熱灯付)照明に改造され，この機会にスロ50，60形式車の冷房準備工事(風道等)も撤去された．

7・4　1等車・1等展望車

　昭和24(1949)年の特急「へいわ」の復活に際して，その1等展望車として，3両のマイテ39(内マイテ3921は元スイテ382)の整備が行なわれた．これらの車には冷房装置がつけられ，わが国で初めてリクライニングシート(1人用)が設けられた．なおマイテ3911は桃山式(元の2両分の設備を合わせて復活したもの)である．その後，駐留軍に接収されていた展望車も次第に返還され，また老朽車はオシ17改造の種車となり昭和35(1960)年6月特急「つばめ」「はと」が電車化される直前にはマイテ49が2両，マイテ58(元スイテ37)が2両，マイテ39が3両使用されていた．そして昭和36(1961)年度首には，マロテ3911(桃山式)，マロテ491(昭和29年ケイ光灯及び1人用リクライニングシート取付改造施工)及びマロテ58が2両のみ残っていた．

　昭和31(1956)年には外人観光団輸送用として1等車マイ38(現在マロ39)が，不用になった供ぶ車(戦後軍人が皇室用列車に乗らなくなったため)を改造し，冷房装置を設け，1人用リクライニングシートを取付けて現われた．この車は主として特急の展望車の前に増結車として使用された．

7・5　食　堂　車

　昭和24(1949)年，戦後初めて日本人用としての半車食堂車オハシ30がオハ35及び軍より返還されたスシ31を改造してつくられ，昭和25～26(1950～1951)年にはスハシ37(後のスハシ29)が元スロシ38で3等車になっていたものを再改造してつくられた．一方，昭和24(1949)年の特急「へいわ」の復活に際しては，元スシ37であった車を改造し，スシ47として使用した．

　昭和26(1951)年には，戦後初めて全金属製食堂車マシ35，及び同じく全金属製で初めての電化料理室をもったカシ36が新製された．これらの食堂車には新製時には専務車掌室を設けず休憩室を広くとったが，同年夏には冷房技術員室を，昭和32(1957)年には専務車掌室を設け，またカシ36は昭和28(1953)年石炭レンジ及び氷冷蔵庫に改造してマシ3511及び3512となった．また昭和33・34(1958・1959)年に直接駆動式または車軸発電機式の冷房装置をディーゼル機関駆動式に変更し，昭和35(1960)年にはケイ光灯照明・複層ガラスの固定窓に変更された．

　昭和27・28(1952・1953)年には，元スシ37で戦時中3等車に改造されていた車を再び食堂車に改造してスシ48を，また元スロシ37・38で同じく3等車になっていた車を3等食堂車に改造してスハシ38をつくった．スシ48は，ケイ光灯照明で，内張板にビニルシートがはられており，後冷房を取付けたものはマシ49に形式変更された．

7・6　鋼　体　化

　戦後木製客車の大部分は車令30年以上に達し，これを修繕するには多大の費用がかかり，且つ事故の場合の安全性がないので，昭和24(1949)年度より木製客車を全面的に鋼製車に改造するいわゆる鋼体化工事(戦前の電車の鋼製化工事と混同しないようにこの名前がつけられた)が始まった．この鋼体化工事は長さ17mの木製客車の台ワクを切継ぎ延長して20mとし，幅も20cmだけ広くして，この上に新しい鋼製車体を建造するもので，ボギーは古いものを使用した．種車は原則的には大形客車とし，中形客車は台ワク延長のための切継材料として使用し，雑形客車はこの際廃棄することに定められた．

　昭和24(1949)年鋼体化が計画された当初，木製客車は約5,860両あり，その中でも大形客車は3,300両あった．そして大形客車4両の改造切継用として中形客車1両を引き当て(つまり定員80人の木製車5両をつぶして定員96人の鋼製客車が4両生れることになり，収容力はほとんど変らない)，残りの中形客車は雑形客車と共に状態の悪いものから漸次廃車し，その補充として80％程度の新車をつくる計画であった．この工事では，ボギー・台ワク・連結装置・ブレーキ装置・主管・暖房装置・腰掛受・荷物ダナ受・引戸錠・開戸錠等は木製車のものを再用し，新

製車の約半値で改造されている．また昭和28(1953)年度以降に行なわれた荷物車および郵便荷物車の種車としては，一部17m魚腹台ワクのものも使用されている．

この工事は予定より1年おくれて昭和30(1955)年度をもって完成し，31(1956)年度には木製客車は事業用車を残すのみになった．この間，鋼体化によって生れた鋼製客車は3,530両，かかった費用は計135億円に達した．第8表は昭和元年より31年までの鋼製客車と木製客車との両数を比較したものである．

第8表　　　　鋼製客車と木製客車の両数の変遷

年　度	年度初の両数（両）			鋼製車の割合（％）
	鋼製客車	木製客車	計	
昭和元(1926)年	42	9,194	9,236	0.5
昭和11(1936)年	2,507	6,866	9,373	27
昭和21(1946)年	4,590	6,399	10,929	42
昭和23(1948)年	5,444	5,949	11,393	48
昭和31(1956)年	10,728	564	11,292	95
昭和36(1961)年	11,107	255	11,362	98

注：31・36年度の木製客車は事業用車のみ

7・7　その他

戦時中に寝台車及び食堂車から改造されたマハ47で二重屋根のものは，いまさら原車種に復元しても陳腐化のため使用できないということで，昭和26・27(1951・1952)年に，当時支線列車に2等車を連結することの要求が大きかったのを機会として，スロハ38に改造された．しかしその後，寝台車及び食堂車には新車がつくられ，一方他の客車がきれいになって，立席をつけたままのマハ47(昭和28年以降マハ29)を使用するわけにも行かなくなったので，残りのマハ29も昭和29(1954)年に室内改造を行なって鋼体化と同じ定員96人の3等車(形式は従来通りマハ29)とし，戦災復旧車の荷物車への改造完了と相まって戦中・戦後の傷跡は全くなくなった．

一方，全車2等車については，その近代化が要求され，昭和30・31(1955・1956)年には，転換式腰掛を備えたオロ35を主体としてケイ光灯取付・腰掛整備等の近代化改造が行なわれた．しかし，その後特別2等車のケイ光灯改造の方を優先すべきであるとの方針により，翌32年度からこの工事は中止された．

昭和23(1948)年以降，郵政省所有の郵便車が毎年製作され，昭和27(1952)年以降の車(スユ41・42，オユ61)の郵便区分室には営業車に先んじてケイ光灯が採用された．そしてそれ以前の車(オユ40・61等)にも昭和30(1955)年以降において改造工事でケイ光灯がつけられている．また昭和23(1948)年には，インフレによる莫大な現金輸送の必要から，日本銀行所有の現金輸送用荷物車(マニ34)がつくられた．この車は，はじめ中央部に3段の寝台をもった警備員室があったが，昭和29(1954)年リクライニングシート付に改造された．

8　戦後の客車(軽量客車以降)

8・1　軽量客車の新製

国鉄では昭和28(1953)年以来，重要技術課題の一つとして「車両の軽量化」を採り上げ，2か年の検討を経て昭和30(1955)年10月試作軽量3等客車8両(完成当時はナハ101～8であったが，後ナハ10901～10908となった)が出

来上った．この車の自重は23 tで，従来車の33 tに比べ3割方軽量化された．国鉄ではこの試作車について種々の試験を行なった結果，その後の新製客車はすべて軽量構造のものにする方針を確立した．

ちょうどその頃，3等寝台車100両が民有車両の形で製作されることになり，最初の量産された軽量客車として昭和31(1956)年3月より，全国の急行列車に連結され始めた．この車がナハネ10で，自重は28 tであり，量産された最初の軽量客車であると共に，車体幅が2.9m(従来車は2.8m)，連結面間の長さが20.5m(従来車は20m)，最大高さがレール面上4.09m(従来車は4.02m)で，従来車に比べて一まわり大きい車体であるという点においても特筆すべきものである．

昭和31(1956)年度からは，いよいよ3等客車を軽量構造で量産することが始められ，ナハ10(3等車)・ナハフ10(3等緩急車)及び同年秋より運転された特急「あさかぜ」に使用するナハネ10(3等寝台車)がつくられた．これら量産された軽量3等車は前年の試作車と比較して単価の切り下げをはかったため，重量は試作車に比べ約1 tの増加となった．

昭和32(1957)年度には，ケイ光灯を取付けたナハ11(3等車)・ナハフ11(3等緩急車)・ナハネ11(3等寝台車，定員は54人でナハネ10より6人少ない)・ナロ10(特別2等車)・ナロハネ10(2・3等寝台車)・オユ10及び11(郵便車)が新製された．これらの車のうちナハネ11・ナロ10及びナロハネ10の各形式車は車体幅2.9m，ナハネ11及びナロハネ10形式車は連結面長さ20.5mで，特にナロハネ10形は車体中央に出入口を有し，プルマン式の2等寝室には各寝台毎に乗客各自の操作によって風を吹出すことができる送風装置を備えた今までにない構造のものである．

翌33(1958)年には，プルマン形のオロネ10(2等寝台車)がつくられた．この車は複層ガラスによる固定窓構造でディーゼル発電機及びこれによって運転されるユニットクーラによる冷房装置を設け，空気バネ台車(TR60)を使用しており，また昭和34(1959)年製のものから寝台灯に6Wのケイ光灯を用いている．またこの年には締切扱のオユ12(郵便車)も新製されている．

ところが電化及びディーゼル化の進展により，旅客輸送方式が電車列車・気動車列車に切替えられることになったので，3等客車の新製は昭和33(1958)年度をもって打切られ，翌34(1959)年度にはナハネ11・オロネ10・オユ10及びスユ13(オユ12に電気暖房をつけたもの)，35(1960)年度にはオロネ10・オユ12及びスユ13，36(1961)年度にはオロネ10・ナハネフ11・オユ10及びオユ12と，現在寝台車及び郵便車の新製のみが僅かに続いている．なおナハネフ11は国鉄では初めての2等(旧3等)寝台緩急車である．しかしオロネ10の新製も昭和38(1963)年度をもって終る予定で，鉄道創業以来ほぼ90年にして客車の新製は終止符を打つことになるであろう．

8・2 固定編成客車

国鉄では特急列車の近代化をはかるに際し，昼間列車は電車またはディーゼル動車で，夜行列車(九州特急)は客車の寝台列車で行くこととし，まず昭和33(1958)年10月に「あさかぜ」を，ついで34(1959)年6月に「さくら」(この時までの「平和」を改称)を，そして35(1960)年7月に「はやぶさ」を，軽量構造で冷暖房完備の固定編成客車による寝台列車に置換えた．これらの客車は，他の一般列車と連結して使用することを考えず，したがって最前部の荷物車に大容量の発電機を備え，この電源によって全列車の電灯・冷暖房・温水・冷却飲料水・食堂車の電気レンジ・電気冷蔵庫などの電力をまかなうようになっている．また窓は複層ガラスの固定窓，台車には空気バネを使用し，国鉄で最も静かな，また最も揺れない乗心地の快適な客車の一つである．

この電源荷物車は，昭和33年製のマニ20では，車長17mで荷物室の荷重が3 tであったが，これでは新聞輸送に不足であるとの理由で，34年製のカニ21では車長を20mとし，荷物室の荷重を5 tとした．上記2形式は電源用としてディーゼル発電機を備えているが，35年製のカニ22では，近い将来の山陽線電化完成を予想して，ディーゼル発電機の他に電気機関車から制御できる電動発電機が設けられており，このため車長20mで荷物車の荷重は再び2 tに戻った．そしてこの車は運転整備重量64 tとなり，国鉄客車の中で最も重いものとなった．

この固定編成客車では，わが国で初めてのルーメットが採用され(ナロネ20・22)，2等寝台車上段に小さな窓が設けられ(ナロネ20・21・22)，食堂料理室が電化され，寝台灯にケイ光灯(6W)が使用される等，いろいろの新しい試みが行なわれた．また内部のデザインを製作所別にそれぞれ独自の考え方で設計させたことも一つの特徴である．そして3年間で計110両の客車が製作され，青にクリーム色の帯を入れた外部色に塗装され，1日の走行キロの最も多い車両の一つとなっている．

8・3 近代化及び軽量化改造

昭和29(1954)年，ジュラルミンの外板をはってあるオロ40の5両の腐食が甚だしいので，これを鋼板に張り替えるのを機会に，当時研究が進められていた軽量車体構造の試作もかねて，上部鋼体を作り直してオロ42(2等車)が生れた．この車は軽量化のため屋根を低くし，内張板に初めて硬質せんい板を用い，ケイ光灯を使用する等，近代化・軽量化改造の最初のものであった．

昭和31(1956)年には，古い展望車などで休車になっている3軸ボギー客車の台ワクのみを利用し，車体及び台車を軽量構造としたオシ17が生れた．この食堂車は軽量構造であると共に，車体幅を2.9mとして両側4人ずつのテーブルを並べ，食堂定員を40人としたこと，初めて窓を固定にしたこと(オシ1714以降は複層ガラスを使用)，ディーゼル機関駆動の冷房装置を使用したこと，シュリーレン台車を用いたこと等種々の点で画期的な車である．そしてこの車は昭和35(1960)年度まで製作が続けられた．

昭和34(1959)年度からは，戦前の3等寝台車で戦時中3等車に改造されたオハ34を再び3等寝台車(スハネ30)に改造する工事，及び鋼体化3等車(オハ61)を特別2等車(オロ61)に改造する工事が始まった．これは電化及びディーゼル化で一般客車は次第に余ってゆくが，一方3等寝台車は未だ不足であり，急行及び準急列車の2等車をすべて特別2等車に置き換える方針に対して，さらに特別2等車の増備が必要であるためである．スハネ30では，車体及びボギーは種車のものを一部改造して使用し，室内配置や定員はナハネ11と同様である．またオロ61では，車体は種車のものを使用するが，台車は軽量構造のもの(TR52)を新製して用い(このため軽くなってオロとなる)，定員は窓割りの関係でスロ53・54・ナロ10よりも4人少ない44人である．前者の工事は昭和36(1961)年度で終了し，後者の工事も37(1962)年度で終る予定である．

昭和36(1961)年度からは，スハネ30に代ってオハネ17が，オシ17に代ってオシ16が改造でつくられている．前者はスハネ30用の種車(オハ34)がなくなったため，二重屋根の20m客車の台ワクを再用し，この上にナハネ11と同じような車体を新製してオハネ17とするもので，台車はスハ43のもの(TR47)を使用する．そして台車をとられたスハ43には，種車のもの(TR23)を取付けて自重を軽くし，オハ47とする．後者は，全車食堂車を必要とする客車列車には戦後製作されたマシ35とオシ17が大体行きわたったので，主として寝台列車用のビュフェ付サロンカーといった形のもの(オシ16)をつくるもので，種車及び台車の処置はオハネ17の場合と同じである．そしてオロネ10と同じディーゼル発電機及びユニットクーラによる冷房を行ない，この他にさらにもう1個のディーゼル発電機を備えて料理室設備を電化している．

手小荷物輸送の近代化をはかるため，従来旅客列車に連結していた半車及び全車の荷物車を廃し，手小荷物専用列車を走らせようという方針がたてられたこと，また戦災復旧荷物車の状態が悪く，数年の中に廃車にせざるを得ない状態にあることの二つの理由で，昭和34(1959)年から半車荷物車または半車郵便荷物車(オハユニ61・63，オハニ61)を全車荷物車(マニ60)に改造する工事が施工されている．また試作荷物車として，車体の側が四つに分割されたシャッターで全部開くようになっている側総開き荷物車(カニ38)が昭和34(1959)年に造られている．この車はマハ29の台ワク，及び台車を利用したもので，締切扱い荷物車の荷役の近代化をはかる目的で試作されたものである．

この他，スハ42の照明をケイ光灯とし，室内の近代化をはかると共に各部品の軽量化をはかってオハ36に改造する工事が昭和34・35(1959・1960)年度に，特急の電車化・ディーゼル動車化で不用になった一方向き腰掛付の2

等車(旧3等車, スハ44・スハフ43・スハニ35)の腰掛を回転腰掛とし, ケイ光灯照明に改造し, 室内の近代化を行なって観光列車用の2等車(形式は同じ)に改造する工事が昭和35・36(1960・1961)年度に施工された. また東北地方の団体客, 特に老人・婦人団体で履物を脱いで坐る人に便利なように, たたみ敷きの和式客車(スハ88・オハフ80)が昭和35(1960)年度にスハシ29及びオハ61形を改造してつくられた. さらに昭和35(1960)年度からは, トランジスタ式ケイ光灯による照明改造が1等車(旧2等車)から始められ, 36年度には2等車(旧3等車)にも及ぼされており, 37年度からは, 急行・準急用2等車(スハ43・45, オハ46, スハフ42・44, オハフ45)のケイ光灯改造・扇風機取付その他の近代化改造が計画的に施工される予定である. そして逆に17mの1等車(旧2等車)及びその合造車(オロ30・31, オロハ30)は昭和36(1961)年10月よりそのまま2等車(オハ27または26)に格下げ使用されることになった. これはオロ61の増備によってリクライニングシート付の1等車の数が十分になって普通の1等車が余り, 逆にスハネ30・オハネ17及びオロ61の改造で2等車が減少したのを補うためである.

交流電化区間の客車の暖房方式については, 種々検討の結果蒸気暖房装置の上に電気暖房装置を併設した方が有利であるとの結論に達し, 昭和34(1959)年度から先ず東北線用客車の電気暖房取付工事が始まり, 引続き35年度以降, 東北・常磐及び北陸線用客車に電気暖房装置の取付工事が行なわれている. なお電気暖房を取付けた車両は, 重量増のため「オ」から「ス」に変わるものは形式を変更し(オロ35→スロ43, オハ36→スハ40, オハニ36→スハニ37, オハニ61→スハニ64, オユ12→スユ13, オユ36→スユ37, オユ61→スユ62), その他のものは車両番号の3位以下の数字に2000を加えたものとして区別している.

8・4 今後の客車

前述の様に昭和38(1963)年度をもって1等寝台車の新製も終わり, その後は客車の新製は行なわれない見込みである. 鋼体化2等車の1等車(リクライニングシート付)への改造は昭和37(1962)年度で完了する. 二重屋根客車の2等寝台車への改造も昭和40(1965)年度で一応2等寝台車の必要両数(固定編成用を除き700両)をみたして終了するであろう. そして40代の形式の2等車の近代化も同年頃までには終るものと考えられる.

明治5(1872)年58両の客車で出発した国鉄は, 鉄道国有前の明治38(1905)年度には1,668両, 国有後の明治40(1907)年度には一躍4,983両の客車を持つことになり, 開業後約50年の大正10(1921)年には8,184両, 戦後の昭和20(1945)年には10,790両, 鋼体化終了時の昭和30(1955)年度末には11,292両の客車があった. その後, 客車の両数は昭和33(1958)年度末の11,593両を最高に再び減少をはじめ, 昭和35(1960)年度末現在, 国鉄には11,412両(他に郵政省及び日銀の私有車98両)が現存している(第10表参照). そして今後の電車化・ディーゼル動車化の推進, 手小荷物輸送の集約, 客車列車の寝台車化により, 優等車数の普通車数に対する比率及び荷物・郵便車数の旅客用車数に対する比率は大きくなり, また新車を造らず廃車を促進するため, 客車の総数は, さらに減少して行くはずである. そして, 現在実施している旅客用車の改造が一応終る予定の昭和41(1966)年度首においては, 客車の総数は約9,000両, 国鉄から蒸気機関車がなくなる昭和51(1976)年度首では8,000両程度となると予想されている.

9 事業用客車

9・1 職用車

昭和22(1947)年ころから, 当時駐留軍の交通行政を担当していた民間運輸局はさかんに国鉄の地方視察を行

なったが，このためインスペクションカーの提供を要求してきた．当時はこれに該当する車両がなかったので，スイテ471を改造し，調理宿泊設備等を設けてこの輸送にあたった．

また昭和23(1948)年石炭産額を2900万トンから3600万トンに増加させるGHQ経済科学局の通達に伴い，スハ32256をスイネ341に，スヘ3111をスイネ342に改造してBLACK DIAMONDと命名し，北海道および九州における炭鉱調査団の専用車とした．その後この地方視察がさかんに行なわれるようになり，1等寝台車や食堂車もこれに使用されたが，1949(昭和24)年には民間運輸局の勧告にもとづき，連合軍総司令部関係および外国賓客等の国鉄旅行に供するため，また総裁・運輸支配人・鉄道管理局長等が管内視察に使用するための特別職用車の製作が計画され，軍用を解除された特殊設備の客車を一部改造してこれにあてることにし，第9表に示す様な本庁用6両，鉄道管理局用10両，計16両の特別職用車が昭和25(1950)年に現われた．

これらの特別職用車には本来の車両番号の他に職用車番号をつけ，軍用車の軍番号と同様な方式で標記された．その後昭和27(1952)年講和発効に伴い，これらの特別職用車の大部分は昭和27〜28(1952〜1953)年度に第9表のように営業用客車または試験車に再改造された．

第9表　　　　　特　別　職　用　車　一　覧　表

主管	職用車番号	形式	番号	改造前の車種	特別職用車廃止後の車種
本庁	スヤ1	スヤ51	スヤ511	事故車オハフ3349	現存　スイ461→マイフ971→マロフ971
本庁	マヤ2	マヤ47	マヤ471	CTS専用スイテ471	存置　マイ471→マイ981，その後オシ172に改造
本庁	マヤ3	マヤ57	マヤ571	軍用車マイネロ371	試験車に転用　マヤ3751→マヤ3851
本庁	スヤ4	スヤ39	スヤ391	CTS専用スイネ391(元スシ3712)	存置　スイ481→スイ991　34年度廃車
本庁	スヤ5	スヤ34	スヤ342	炭鉱調査団専用スイネ342(元スヘ3111)	ハに改造　スハ334
本庁	スヤ6	スヤ48	スヤ481	軍用車スイロネ373(元スイロネフ383)	皇太子非公式用として改造 マイロネフ381→マロネフ591
東	スヤ21	スヤ51	スヤ5111	軍用車スイネ3221(元スロハ3220)	復旧　スロハ32102
名	スヤ22	スヤ51	スヤ5112	軍用車スミ　363(元スロハ323)	〃　スロハ32101
大	スヤ23	スヤ51	スヤ5113	軍用車スミ　364(元スロハ3225)	〃　スロハ32103
広	スヤ24	スヤ51	スヤ5114	軍用車スミ　361(元スロハ3244)	〃　スロハ32105
四	スヤ25	スヤ51	スヤ5115	軍用車オイ3121(元スハニ3262)	ハニに復旧
門	スヤ26	スヤ51	スヤ5116	軍用車スヘ　3113(元スヘフ306)	限界測定車に改造　オヤ3121
新	スヤ27	スヤ51	スヤ5117	軍用車オミ　422(元スハ32482)	ハに復旧
仙	スヤ28	オヤ50	オヤ5011	軍用車オイネ　331(元オロ312)	ロに復旧
札	スヤ29	スヤ51	スヤ5118	軍用車オイネ3151(元スハ32103)	試験車に転用　スヤ321
旭	スヤ30	スヤ51	スヤ5119	炭鉱調査団専用スイネ341(元スハ32256)	〃　スヤ322

特別職用車という名称は上記のようにして出来たが，これに相当する客車は昔からあり，たとえば前記の北海道幌内鉄道の開拓使専用車(国有後のコトク5010)，讃岐鉄道の貴賓車(山陽鉄道時代の2336，国有後のトク20)，明治42(1909)年に北海道でつくられた特別車(コトク5000，後のコヤ6600→コヤ6800)等がある．

現存の職用車は，工場職員の通勤用のものとしてオヤ30(元オロハ30，オハ31)，ナヤ2660(元ナハ2380，鋼製，買収車)，ナヤ16830(木製)があり，また，かつて辺地職員のリクリエーション用としてオヤ19840(木製)が使用された．

9・2　試　験　車

大正4(1915)年夏に，動力試験用の試験車(オケン5020，後のオヤ6650)が合衆国から輸入された．これは合衆国イリノイ大学のシュミット教授に設計・製作を依頼したものであり，機関車の引張力・電力消費量・列車抵抗・列車速度等を測定する装置を設備していて，最大測定能力36tであった．この車は日華事変前，大船駅構内で列車

事故のため大破し，その代車として昭和12年大井工場で3軸ボギー試験車マヤ39900（後のマヤ371→マヤ381）が製作され，同時に内部測定機器も増備された．この試験車は昭和34(1959)年近代的な測定装置に適するように再改造され，車軸発電機の他にディーゼル発電機(18kVA)を設けてこれから測定用電源及び電気暖房用電源を得るようになっている．

大正8(1919)年大形客車採用の際に，全国には新建築限界に抵触し大形車両の運行に支障のある箇所が相当にあったので，ボギー客車に建築限界測定装置を取付けて建築限界測定車とし，全国線路を順次巡回し，限界に抵触する箇所を調査してそこを改造し，これによって運行が差支えなくなるに従って，「大形客車運転禁止区間」の解除を行なった．その後建築限界測定車は古い木製車を改造してナヤ9810（元ナヤ9950，教習車を昭和14年に改造したもの，昭和32年度に廃車），オヤ19830（元オヤ19960，昭和29年度に廃車）等がつくられたが，昭和24(1949)年スロハ3149を改造して鋼製の限界測定車スヤ311（現在のオヤ311）が出来て以来，次第に鋼製車となり，現在オヤ31が7両となっている．また昭和36(1961)年には，新幹線試作電車の輸送限界調査用としてコヤ901（元オロ31104）がつくられた．これは種車の上部を撤去し，台ワクを25mにのばしてこの上に測定用矢羽を取付けたものである．

列車走行時における線路の動的狂いを測定する目的の軌道試験車としては，大正元(1912)年に製作された木製3軸ボギー車に昭和3(1928)年軌道測定装置を取付けたオヤ19950（現在オヤ19820）が生れ，昭和16(1941)年に室内の寝台撤去，記録台取付等の改造を行ない，さらに昭和30(1955)年測定装置の改造を行なって実用に供していたが，測定装置が鋼索による機械式であること，及び老朽車のため高速で走れないこと等の不便があった．そこで電気式測定装置を持ち，120km/hの高速でも測定できる様な鋼製試験車が計画され，昭和34(1959)年マヤ341として完成した．この車では高速で走りながら，線路の高低・平面狂い・軌間・通り・水準・ローリング・加速度・速度が測定される．

振動測定用試験車スヤ711は，昭和24(1949)年戦災電車クハ55069を復旧改造したもので，種々の台車を入れ替えてその振動状態を比較測定出来る構造になっており，また床に窓があって走行中の台車の状態を観察出来るようになっている．

この他スヤ3851（元マイネロ371→マヤ571→マヤ3751）は上記の試験車などに併結して運転され，試験要員の宿泊設備を持っている．

9・3 工 事 車

架橋等の建設工事または電気通信線架設工事に当たり作業員が乗り，工作車（貨車に属する）と共に現場に滞留する車で，BBギャング・カー(Bridge & Building Gang Car)またはCCギャング・カー(Communication & Construction Gang Car)と呼ばれている．

現存の木製車では昭和25(1950)年以降改造されたナヤ9830形（元ナヤ9890形）及びナヤ16820形（元ナヤ16880形）があり，鋼製車としては，オヤ27（元オハ31，昭和35年度改造），スヤ39（昭和30年以来毎年増備を継続）等があって，これらは寝室（たたみ敷き）・食堂・調理室等を設けて宿泊に便利なように出来ている．またナヤ6590形は工事車ではあるが工作車（貨車に属する）と同じ機能をもっている．

9・4 教 習 車

前述の様に昭和初年空気ブレーキ採用の当時，空気ブレーキ部品を室内に陳列して各地を巡回し，関係職員に空気ブレーキの構造・操作について教習を行なうために造られたもので，九州鉄道の豪華客車5両を改造したもの（ナヤ9960，オヤ9970～9973）およびナヤ9950の6両で各鉄道局に1両ずつ配置された．現在はすべて廃車になっている．

9・5 保健車

現在マヤ291(元マハ47163→マヤ381,昭和25年改造),コヤ2600(元気動車→コヤ6680,昭和23年改造),オヤ331(元マニ316,昭和26年改造)の3両あり,車内には待合室・診療室・レントゲン室・調剤室・寝室・調理室等があって,職員の巡回診療・保健検査が行なえるようになっている.

9・6 救援車

従来救援車には老朽木製車をあてていたが,昭和35(1960)年より鋼製車への置換えが積極的に進められ,スエ30(主としてスユ30,スユニ30,スニ30より改造),オエ70(17m戦災復旧車より改造),スエ71(20m戦災復旧車より改造),スエ38(元カニ29),スエ78(元マニ78)等の鋼製救援車が現われてきた.

9・7 配給車

従来配給車にも老朽木製車をあてていたが,昭和30(1955)年度に営業用客車の鋼体化が終了し,翌31年度より事業用客車の整備が考慮され,鋼製車オル30(スユ30の改造,便所のあるものは100代の番号がついている)及びオル31(オハ31の改造,便所のあるものは200代の番号がついている)が現われ始めた.その後,昭和33(1958)年度にはオル32(スハニ31の改造,便所のあるものは100代の番号がついている)が,35年度にはオル71(20mの戦災復旧車の改造,便所のあるものは100代の番号がついている)が生れている.これらの配給車には荷物室・休憩室・調理室・手ブレーキ等の設備がある.

9・8 暖房車

明治26(1893)年4月開業した信越線横川—軽井沢間にはアプト式ラックレールが用いられ,その補助ブレーキとしてハンドブレーキによってブレーキがかかる小歯車を有する「緩急車歯車付」(記号ピフ)が連結された.この区間は明治45(1912)年から電化され,旅客列車暖房用としては丸胴ボイラを「ピフ」に積載したものを用いた.この「ピフ」は昭和6(1931)年10月15日,空気ブレーキ付車両の増加により必要なくなって廃止され,ボイラ積載車は暖房車(ヌ6000形,後のヌ600形)として用いられることになった.

大正15(1926)年,東海道線電化にあたり,暖房車を新製して列車に連結し旅客列車の暖房を行なうことが計画され,ホヌ6800形(現在のホヌ30形)がつくられた.その後電化区間が伸び,また上越線・中央線も電化(昭和6年)されるに伴い,暖房車もスヌ6850形(現スヌ31,昭和4・6年製),ナヌ6900形(現ナヌ32,昭和9・11年製),オヌ6880形(現オヌ33,昭和11年製)等が製作された.

戦後も東海道線・上越線等の電化延長に伴い,暖房車も増備されたが,昭和24(1949)年製のマヌ34は,東海道線の機関車のロングランに応ずる様に燃料および水を大量に積載し得るもので,ボイラは2120形蒸気機関車のものを,台ワクおよび連結器はトキ900形のものを再用して改造されたものである.またヌ100形(元ヌ1000形)は客貨混合列車用の2軸簡易暖房車,ヌ200形はこれをアプト区間用に改造したものである.

第10表　　　　　　　昭和35年度末客車形式別両数表

軸	形式		両数	軸	形式		両数	軸	形式		両数	軸	形式		両数
	皇室用		13	2 AB	スロハフ	30	14	2 AB	オハニ	30	50		保健車		
	計		13	〃	〃	31	2	〃	スハニ	31	38	2 AB	オヤ	33	1
3 AB	マロテ	39	1		計		16	〃	〃	32	64	3 AB	マヤ	29	1
〃	〃	49	1	2 AB	ナハ	10	110	〃	〃	35	12	2 AB	コヤ	2600	1
〃	〃	58	2	〃	〃	11	102	〃	〃	37	4		計		3
	計		4	〃	〃	20	3	〃	オハニ	36	26		救援車		
2 AB	オロネ	10	30	〃	オハ	31	343	〃	〃	61	413	2 AB	スエ	30	15
〃	ナロネ	20	3	〃	スハ	32	766	〃	スハニ	62	45	〃	オエ	70	5
〃	〃	21	9	〃	〃	33	25	〃	〃	64	17	〃	スエ	71	5
〃	〃	22	6	〃	オハ	34	55		計		669	〃	ナエ	2700	5
〃	スロネ	30	10	〃	〃	35	1246	2 AB	スユ	30	4	〃	㊍ホエ	17000	6
〃	マロネ	40	20	〃	〃	36	61	〃	マユ	31	2	〃	㊍ナエ	17100	188
〃	〃	41	12	〃	スハ	37	4	〃	〃	32	3	〃	㊍ナエ	27000	17
3 AB	〃	29	40	〃	〃	42	72	〃	〃	35	15	3 AB	㊍スエ	29900	6
〃	〃	38	7	〃	〃	43	538	〃	スユ	72	15		計		245
〃	〃	39	3	〃	〃	44	20		計		39		配給車		
〃	〃	48	4	〃	〃	45	53	2 AB	スユニ	30	16	2 AB	オル	30	14
	計		144	〃	オハ	46	220	〃	マユニ	31	13	〃	〃	31	74
3 AB	マロネフ	29	7	〃	〃	60	389	〃	スユニ	60	67	〃	〃	32	3
〃	〃	38	2	〃	〃	61	1007	〃	オユニ	70	5	〃	〃	33	4
〃	〃	49	3	〃	〃	62	129	〃	〃	71	10	〃	ナル	2750	3
〃	〃	58	3	3 AB	マハ	29	53	〃	スユニ	72	39	〃	㊍ナル	17600	23
〃	〃	59	1	〃	スハ	88	1	3 AB	マユニ	78	29	〃	㊍オル	27700	1
	計		16		計		5197		計		179	3 AB	㊍スル	29950	1
3 AB	マロネロ	38	16	2 AB	ナハフ	10	42	2 AB	マニ	20	3		計		123
2 AB	ナロハネ	10	9	〃	〃	11	30	〃	カニ	21	3		暖房車		
2 AB	ナハネ	10	108	〃	〃	20	7	〃	〃	22	4	2 AB	ホヌ	30	15
〃	〃	11	44	〃	〃	21	7	〃	スニ	30	37	〃	スヌ	31	22
〃	〃	20	47	〃	オハフ	30	126	〃	マニ	31	32	〃	ナヌ	32	5
〃	スハネ	30	60	〃	スハフ	32	355	〃	〃	32	98	〃	オヌ	33	14
	計		259	〃	オハフ	33	588	〃	〃	60	273	〃	マヌ	34	29
3 AB	マロ	39	2	〃	〃	36	1	〃	オニ	70	6	2 A	ヌ	100	14
2 AB	マロフ	97	1	〃	スハフ	42	333	〃	マニ	71	16		ヌ	200	6
2 AB	ナロ	10	33	〃	〃	43	17	〃	〃	72	25		計		105
〃	〃	20	9	〃	〃	44	27	〃	スニ	73	26				
〃	スロ	50	10	〃	オハフ	45	25	〃	マニ	74	41		皇室用		13
〃	〃	51	48	〃	〃	60	70	〃	スニ	75	72		営業用		10832
〃	〃	52	12	〃	〃	61	792	〃	マニ	76	38		事業用 鋼製		262
〃	〃	53	30	〃	〃	62	28	3 AB	カニ	29	7		木製		255
〃	〃	54	47	〃	〃	80	1	〃	〃	38	1		計		517
〃	〃	60	30		計		2449	〃	マニ	78	4				
〃	オロ	61	41	2 AB	オハシ	30	5	2 AB	ナニ	2500	8		客車合計		11362
	計		260	3 AB	スハシ	29	4		計		694				
2 AB	オロ	30	1	〃	〃	38	9		職用車				〔借入車両〕		
〃	〃	31	90		計		18	2 AB	オヤ	30	3		ナハネ	10	2
〃	スロ	32	10	2 AB	オシ	17	30	〃	ナヤ	2660	2		〃	11	30
〃	〃	33	22	〃	ナシ	20	9	〃	㊍ナヤ	16830	5		ナハ	10	12
〃	〃	34	17	〃	マシ	35	5	3 AB	㊍オヤ	19840	1		ナハフ	10	6
〃	〃	43	21	3 AB	スシ	28	11		計		11		計		50
〃	オロ	35	43	〃	マシ	29	12		試験車						
〃	〃	36	36	〃	〃	38	5	2 AB	オヤ	31	7		私有車		
〃	〃	40	76	〃	〃	48	5	〃	スヤ	32	2		オユ	10	10
〃	〃	41	15	〃	マシ	49	3	〃	マヤ	34	1		〃	11	6
〃	〃	42	5		計		80	〃	スヤ	71	1		〃	12	19
3 AB	マロ	38	2	2 AB	スハユ	30	5	3 AB	マヤ	38	2		ス ユ	13	6
	計		338	〃	〃	31	1	2 AB	㊍オヤ	19820	1		マ ユ	33	15
2 AB	スロフ	30	19	〃	オハユ	61	11	〃	㊍オヤ	26800	1		〃	34	3
〃	〃	31	2		計		17		計		15		オ ユ	36	5
〃	オロフ	32	9	2 AB	オハユニ	61	129		工事車				〃	40	4
〃	〃	33	5	〃	スハユニ	62	20	2 AB	オヤ	27	2		ス ユ	41	2
	計		35	〃	オハユニ	63	16	3 AB	スヤ	39	6		〃	42	12
2 AB	オロハ	30	32	〃	〃	64	10	〃	ナヤ	2650	2		〃	43	6
〃	スロハ	31	51	〃	〃	71	19	3 AB	㊍ナヤ	9830	3		オ ユ	61	4
〃	〃	32	63		計		194	2 AB	㊍ナヤ	16820	1		マ ニ	34	6
3 AB	スロハ	38	50						計		15		計		98
	計		196												

写真・資料提供者一覧 (団体の他は掲載順)

日本国有鉄道	27, 29, 31, 32, 33, 34, 46, 47, 53, 58, 60, 65, 66, 67, 74, 76, 77, 99, 102, 111, 112, 119, 120, 123, 125, 126, 128, 129, 130, 135, 138, 140, 148, 150, 153, 154, 155, 156, 159, 160, 164, 168, 169, 170, 171, 186, 188, 189, 190, 191, 192, 193, 194, 196, 197, 198, 199, 200, 202, 203, 204, 205, 206, 207, 208, 209, 211, 212, 221, 222, 224, 225, 227, 229, 236, 237, 238, 239, 245, 249, 253, 256, 257, 260, 261, 262, 266, 267, 268, 269, 270, 271, 272, 273, 278, 281, 285, 294, 295, 299, 300, 301, 304, 305, 310, 313, 314, 320, 321, 322, 324, 325, 326, 352, 355, 357, 367, 369, 370, 372, 373, 378, 382, 384, 388, 394, 396, 400, 405, 416, 420, 422, 423, 439, 468, 472, 476, 477, 502, 504, 508, 510, 511, 512, 515, 520, 531, 532, 533, 539, 540, 541, 544, 551, 552, 553, 557, 561, 564, 565, 566, 567, 568, 569, 570, 571, 572, 573, 574, 575, 576, 577, 578, 579, 580, 581, 582, 583, 584, 585, 589, 590
交通博物館	2, 3, 5, 6, 9, 10, 13, 14, 15, 17, 19, 20, 22, 23, 26, 42, 44, 48, 54, 55, 57, 103, 104, 115, 116, 161, 255
汽車会社 (高田隆雄・朝倉圀臣)	64, 69, 70, 71, 72, 79, 80, 81, 100, 101, 117, 118, 143, 145, 146, 157, 158
白井 茂信	1, 7
宮本 政幸	4, 11, 12, 16, 82, 90, 91
中村 夙雄	8, 18, 21, 61, 108, 151, 152, 163, 165, 279, 339, 341, 354, 448, 449, 459
高松吉太郎	24, 25, 30, 59, 62, 83, 87, 89, 92, 185, 226, 335, 表紙カバー, 口絵「つばめ」
米本 義之	28, 56
小熊 米雄	35, 36, 37, 38, 371, 494
島崎 英一	39, 40, 41, 49, 50, 51, 85, 86, 88
江本 廣一	43, 114, 213, 218, 348, 361, 365, 366, 421, 466, 492, 493
西野 保行	45
谷口 良忠	52, 181, 356, 359, 380, 460
荒井 文治	63, 97, 98
瀬古 龍雄	68, 75, 109, 113, 144, 167, 172, 179, 334, 336, 337, 338, 343, 376, 426
中川 浩一	73, 84, 177, 180, 184, 333, 453, 463, 464
小林宇一郎	78
松井 光雄	93
山本利三郎	94
佐竹 保雄	95, 96, 105, 106, 107, 124, 132, 133, 147, 149, 162, 166, 173, 174, 175, 176, 182, 183, 214, 215, 216, 219, 220, 223, 228, 230, 231, 233, 235, 240, 241, 242, 243, 244, 248, 250, 251, 258, 263, 264, 276, 284, 286, 287, 288, 289, 291, 293, 298, 306, 309, 311, 312, 315, 316, 317, 318, 319, 323, 327, 330, 340, 344, 346, 347, 350, 351, 363, 364, 374, 375, 379, 383, 385, 386, 387, 389, 390, 391, 392, 393, 395, 397, 398, 399, 401, 402, 403, 404, 406, 407, 408, 409, 410, 411, 412, 413, 414, 415, 417, 418, 419, 424, 425, 427, 428, 429, 430, 432, 433, 434, 435, 436, 437, 438, 440, 441, 442, 443, 444, 445, 450, 451, 452, 454, 455, 456, 457, 458, 467, 469, 470, 471, 473, 474, 475,

	478, 479, 480, 481, 482, 483, 484, 485, 486, 487, 488, 489, 499, 500, 501, 503, 505, 506, 507, 509, 513, 514, 516, 517, 518, 519, 521, 523, 524, 525, 526, 527, 528, 529, 530, 534, 535, 536, 537, 538, 542, 543, 546, 548, 549, 550, 554, 555, 556, 560, 562, 563, 587, 588
宮田　雄作	110, 342
古山善之助	121, 141, 142, 345
伊藤　　昭	122, 377
鈴木　靖人	127, 137
宮松金次郎	131, 134, 139, 187, 234, 246, 247, 265, 274, 275, 277, 280, 282, 283, 290, 292, 296, 297, 302, 303, 328
西尾克三郎	136, 259, 307, 329
湯口　　徹	178, 332, 461, 462, 465, 497, 498
鷹司　平通	195
小松　重次	201
林　　次郎	210
田中　隆三	217
三橋　克巳	232, 358, 362
坂本　祐一	252
星　　　晃	254, 308, 368, 381, 446, 447, 490, 491, 547
青木　栄一	331
長谷川弘和	349
奈良崎博保	353, 360, 431
深道　良重	495
長友　俊明	496
藤井淳一郎	522
高林　盛久	545, 558, 559
松田　和夫	586
吉田　博重	591
黒岩　保美	表紙カット，見返し版画
久保　　敏	口絵「はつかり」

写真で見る
客車の90年　　日 本 の 客 車

平成22年5月15日　復刻版発行

編　著　者　日本の客車編さん委員会
　　　　　　　代表者　星　晃

発　行　者　田中知己
発　行　所　株式会社　電気車研究会
　　　　　　鉄道図書刊行会
　　　　　　〒101-0052　東京都千代田区神田小川町3-8
　　　　　　　　　　　　オーク御茶ノ水ビル7階
　　　　　　電話　03(3294)5221（代）
　　　　　　URL　http://www.tetsupic.com

印　刷　所　奥村印刷株式会社

©電気車研究会2010　　Printed in Japan
ISBN978-4-88548-115-4

【お願い】本書は昭和37年1月15日に発行した『日本の客車』を一部修正のうえ複製したものであり，印刷面には原書の状態に起因するきず，汚れ，かすれなどが部分的にあることをご承ください．

『写真で見る客車の90年 日本の客車』復刻版 刊行にあたって

　『写真で見る客車の90年　日本の客車』は鉄道開通90周年記念出版と銘打って，1962(昭和37)年1月に小社で出版したものです．編著は本書企画に際し組織された日本の客車編さん委員会です．メンバーは国鉄で長年にわたり旅客車の設計・開発に携わられ，当時国鉄臨時車両設計事務所次長として在職されていた星　晃さんを代表として，同じく星さんのもとで主任技師として旅客車設計に手腕を奮われていた卯之木十三さん，そして鉄道研究の中でも特に客車に造詣が深い中川浩一さん，古山善之助さん，江本廣一さん，佐竹保雄さんの方々に，小社創立者であり当時編集主幹であった田中隆三を加えたものでした．本書はこれら委員各位が中心となった呼びかけにより国鉄，博物館，全国の著名な客車研究家のご支援と所蔵写真資料の提供を受けて，1961(昭和36)年春から半年にわたる期間を経て刊行されました．その間，星　晃さんはじめ編さん委員各位のご苦労は大変なものであったようで，中でも当時若手の研究家として精力的に活動されていた中川浩一さん，佐竹保雄さんの実務における役割は大きかったと聞き及んでいます．

　わが国の鉄道発祥以来連綿と続く客車の歴史を総まとめした資料は当時はなく，貴重な写真をふんだんに使って各々の時代毎に系統立てて構成された『日本の客車』の内容は資料性に富んでおり，しかもわかりやすく，見て読んで楽しく，出版後は多大なご好評をいただきました．そして，そうした評価は半世紀近くを経た現在においても変わりなく，長年にわたり復刻版刊行のご要望を多方面からいただいてきたところで，ご期待にお応えすべく今般の出版に至った次第です．

　復刻版出版にあたっては，原書をできる限り忠実に再現することに努めました．ただし，原書出版後に判明していた正誤を復刻版では修正することとし，それに伴い一部写真を差し替えるとともに，巻末の客車略史は正誤を反映して原書のイメージを崩さずに新たに文章を組み直しています．原書は約50年前の出版であり，複製では印刷面の一部に，原書の状態に起因した，きず，よごれ，かすれが存在していますがご了承ください．

　また，『日本の客車』出版時に鉄道ピクトリアルに掲載した編さん委員の言葉，および中川浩一さんによる落穂集を本小冊子に収めました．

　鉄道が誕生して138年，飛躍的に大発展を遂げた鉄道システムにあって，昨今客車は総体的に凋落傾向にありますが，鉄道の歴史を築き，発展に大きな役割を果たしてきた客車のあゆみを，約半世紀ぶりに陽の目を見た『写真で見る客車の90年　日本の客車』の復刻版であらためて振り返っていただければ幸いです．

2010(平成22)年5月　株式会社 電気車研究会

鉄道ピクトリアルアーカイブスセレクション　特別編
『日本の客車』ノート

『日本の客車』編集に参画して(1962.2　No.127)
　　　　　　　　　　　　　　………………………………… 2

『日本の客車』落穂集(1962.2～5　No.127, 129～131)
　　　　　　　　　　………………中川　浩一 … 5

『写真で見る客車の90年　日本の客車』復刻版　特別付録
平成22年5月15日　㈱電気車研究会・鉄道図書刊行会発行

表紙写真：伊藤　昭・伊藤威信

Ⓒ電気車研究会2010　Printed in Japan

『日本の客車』編集に参画して

鉄道ピクトリアル1962-2（No.127）

――――――――星　晃

　電車化・気動車化の急テンポによって客車の影が何だか薄くなってきたとはいえ，鉄道90年の歴史において直接に旅客を運び続けてきた．

　「客車」の名は不滅である．しかし，確かにこの頃は客車というものが一つの転機に来ている．客車設計を本業としている私どもとしても，また客車ファンの一人でもある私個人としても，客車の発達がそろそろまとめられたらいい時期ではないかなどと思っていた．そこへ『日本の客車』の写真集を発刊する具体案が持ち込まれたので早速賛成した次第であった．しかもファンの側では鉄道友の会の客車研究家として常々敬意を表していた中川浩一氏が張り切って参加されることや，また日本の各地へ客車を求めて撮影旅行をしておられる佐竹保雄氏が豊富なアルバムを公開されることを聞き，さらに本職のメンバーではずっと私と一緒に仕事をやってきた客車設計のベテラン卯之木技師も編集の仲間に入ってもらうことができたので，私は大いに安心し，編集委員の方々にすっかりお任せして御尽力を願った．

　写真を集めるにあたって全国から御協力いただいたファンの方々には誠に感謝に堪えないところであるが，もっと収録したいと思った写真をあまりにも頁数が増加するために断念せざるを得なかったことは，今なお残念でたまらない．国鉄で当然昔から保存してあったと思われる写真も震災などで焼失しているだけに各方面から御提供いただいた古い写真は貴重であり，客車ファンのための写真集としてだけでなく，国鉄当局にとってもこの機会に誠によい資料ができあがったことは幸いだったと思う．巻末の客車略史も頁数の関係で内容が簡略になっているが，戦後の比較的一般に知られていない事項にもふれてあり，各時代の全体的な傾向がつかみやすいと思う．

　この略史が骨子となって将来誰方かの手で本史がまとめられる日を期待している．重ねてファンの方々の御協力に感謝し，あわせてここまでのまとめについて常に編集実務の中心であって中川浩一氏のなみなみならぬ御努力を特に御披露しておきたい．

『写真で見る客車の90年　日本の客車』
日本の客車編さん委員会（代表者　星晃）編著　昭和37年1月15日，鉄道図書刊行会（電気車研究会）発行

――――――――卯之木　十三

　精神面における歴史は，人間が平和に生きるためにぜひとも必要である．なぜならば偉大なる平和の精神もその人間の死とともに実在しなくなるからだ．しかし物質面における歴史については，平和に生きるという限りにおいて，私はその必要性を認めない．なんとならば，実在する製品そのものが歴史の集積であり，その製品を平和に生きるために改良する労力に比べて，その製品のできるまでの歴史をすべて知る労力はあまりにも大きいと思うからだ．しかし平和に生きることのできる人間はそれだけで満足せず，楽しく生きることを要求する．そして楽しく生きる手段の一つとしてならば，物質面における歴史の必要性も生まれてくると思う．

　したがってこの場合歴史は楽しいものでなければならない．『日本の客車』編纂委員の1人として，私が考えたことは，いかにして楽しい歴史にするかということである．

　そしてこのために，私は，編纂の仕事の私に与えられた部分に，できるだけ楽しく従事することにつとめた．私の楽しさと読者のみなさまの楽しさとがあるいは一致しないかもしれないが，何はともあれ読んで楽しい歴史『日本の客車』のできることを心待ちにしている．

――――――――中川　浩一

　いま改まって，編集を終えた苦心の作品を眺めてみると，いろいろ気にかかる点がたくさん残っているのが分かる．なかでも最も気にかかり，また残念に思うのは，資料の蒐集と写真の解説の2点である．

『日本の客車』編集に参画して

資料の蒐集は4月に第1回の編集会議を開いてから，直ちに心当たりの個所をまわったが，国有以前の私設鉄道と戦時中・戦後の混乱期の写真がなかなか見つからず，一時はどうなることかと前途を危ぶんだものであった．木製客車の写真をいろいろ提示して下さった方は，決して少なくなかったのだが，その多くはボツにしてしまった．その理由は，本来の形態が著しく崩れている「エ」や「ル」の写真が大半を占めていたからである．それらの中には写真的には優れたものが多かったのだが，できるだけ初期の姿を示そうという考えから，採用を見合わせてしまった．

国有以前の客車の中で，最もお小言をいただくとすれば，それは「九州鉄道の或る列車」だろうと考える．合衆国の方式に則り，且つわが国最初の編成客車ともいえるこの一党の原形写真は，是非とも採録したかったが，努力の甲斐なく不成功に終わってしまった．戦時中・戦後のものは，中村夙雄・奈良崎博保両氏から貴重な写真を提供していただいたものの，出入台寄りに長手腰掛を取付けて定員増を図った鋼製車（スハ36，オハ40など）はついに見つけることができなかった．これらの客車は1952（昭和27）年頃まで使用されていたのに，サービス不良の車両として，多くの同好者からそっぽを向かれていたことが，こんな結果を招いたものと思われる．

最後に，写真の解説についてふれておこう．執筆は卯之木・佐竹・古山・江本・中川の5名が分担し，最後に中川が総括し，できる限り体裁を整えた．しかし分担執筆ということは，ずいぶん内容についての打ち合わせをしても，なお不揃いになりやすいもののようである．内容はできるだけ製造当時の状態を示すつもりだったが，木製客車の担当者が，その後の車号・車種の変遷を中心に執筆されたため，体裁を揃えるための書き直しに予想外の時間を要し，それでもなお日時の関係から，意に満たぬまま校了としたことが，総括者としては心残りになっている．

――――――江本 広一

私が客車写真集の発行について田中主幹から初めて相談を受けたのは2月初旬頃であった．客車ファンとしてまことに嬉しいことなので喜んでお手伝いすることをお約束したが，後でよく考えてみると相当困難な仕事であると思われ，いささか二の足を踏むような気にもなった．しかし問題は資料の入手如何にかかっているので，早速ピク誌上に写真募集の広告を出してもらった．一番心配なのは鉄道国有法施行以前の各鉄道の写真で，各鉄道1枚ずつは欲しかったのだが，予想どおり写真皆無の鉄道もあり，また割合豊富に得られた鉄道もあったので，偏ってしまったのは残念であるが，やむを得ないことと思っている．しかし，このおかげで今まで埋もれていた貴重な写真が相当発見されたことは喜ばしい．

編集委員も決まり，編集方針の決定，写真の選定，割付，説明の原稿などを数度の会合を持って順次進めてゆき，旅館に泊り込みで夜半まで仕事をしたこともあったが，好きなこととて苦にもならず，むしろ楽しい思い出となっている．

種々の都合で発刊が遅れてしまったが，編集委員の微力が報いられる日も近いので楽しみに待っている．

――――――古山 善之助

省客車形式図集を繙くと，冒頭出てくる過ぎし日の優等客車群に少年時代の胸は躍った．ホロネロ・ナイネロ等々不思議な記号の古典客車にどんなにか憧れたことだろう．昭和の初期では現今のような整った研究網はなく，鉄道省に日参してもプロマニアの方はおらず，"燕雀何するものぞ"と睥睨されるだけで何の知識も得られなかった．『鉄道』『鉄道趣味』と相次いで刊行されたが，客車マニアは残念ながら全国的にもあまり育たず微々たるものであったので，当時誰が今日のような客車研究の隆盛さを予見し得ただろうか．

そこで若き日に憧れた客車群の容姿を一堂に収め得た厖大な写真集刊行の話は，感激に今一度胸弾ませて聞いたニュースであった．鉄道80周年記念に国鉄・交博で編集された『車両の80年』をお手伝いさせていただいて以来，職業の関係で今日まで第一線を退いた恰好でいた手前，この御依頼も最初は躊躇したが，畏友星氏が委員長になられ御教示下さる由とかで，それに引かれて思い切ってお引受けした．

編集会議が度重なりだんだん資料が蒐り出してまいり，それらを拝見していると，思いもよらぬものが飛び出したり，当然あるべきと思った資料がなかったり，一喜一憂の形でまいった．ただ，蒸気機関車と違って偉大な岩崎・渡辺コレクションに匹敵する客車写真集がないため，系統だって詳細に明治・大正時代が御紹介できないのが一番残念であったが，交博その他のお骨折りで明治時代はやや概要を御紹介できたのは望外の喜びであった．

最初から覚悟していたように，大正時代はまことに資料に乏しく，ここが一番残念だった．この時代まではほとんど客車マニアは少なく，これに加えて1923（大正12）年の関東大震災，続いて鉄道省の大火・戦災・敗戦等で公式資料も大部分烏有に帰してしまった今では，いかんとも成しがたいことだろう．ただこの『日本の客車』が契機となって，どこかにこれら資

料・写真などの金鉱脈が発掘せられたなら望外の喜びかと思う．

　末筆ながら，このたびは国鉄当局特別の配慮で御料車の全容が詳細に公表せられたことはこれが最初で，あるいは最後になるのではないかと思い，みなさまとともに喜んでいいことだと思っている．

佐竹　保雄

　田中主幹から『日本の客車』の写真集を，本誌10周年記念に出版したいので編集委員になってくれと依頼を受けたのは去る3月中旬だった．その後，客車の撮影リストなどを作り，私が編集会議に初めて出席したのは7月2日で，10月3日までの間合計6回会議に出席した．昨年の夏は暑さが特別に厳しく，度重なる東京出張旅行には全く弱ったものだった．最初は木製車の写真の選択から始めたので，2・3回会議を重ねても，鋼製車には手がつけられず，鋼製車の方は一応私に全部任された．

　私は自宅に原稿写真などを持ち帰り，選択や割付を毎夜遅くまでやった．しかし限られたページ数で，限られた写真数しか採用できず，その選択には全く弱った．10月3日の会議のときに一応写真の枚数やページ数など重要なことはだいたい決定したので，後は東京の委員の方にお任せした．客車の古い写真は蒸気機関車と違って，全くないといってよいほどで，各方面から集められた数多くの貴重な写真が掲載されることは，本当に意義あることと思う．

『日本の客車』刊行の楽屋裏

田中　隆三

　『日本の客車』を写真で楽しむアルバムで刊行したいという企画は，昨年（昭和36年）の1月当初に立てられた．『日本の蒸気機関車』が予想外の好評を内外鉄道ファンから得たことによることはいうまでもないが，私はかねて，長い間国民の誰もがもっとも身近に利用した親しみの深かるべき客車が，なぜ今まで蒸気機関車のように立派なコレクションとしてできなかったか不思議に思っていた一人で，誰に相談をしても同意を得るばかりでなしに，ぜひ10周年を記念して『鉄道ピクトリアル』編集同人の手でまとめてもらいたいとの激励さえ受けたためであった．

　そこで，まず鉄道友の会客車部会のリーダー格である江本氏の意向を打診したところ，客車部会をあげて応援との内約を得，続いて国鉄客車界の大先輩 元大井工場長の小坂狷二氏を訪ねて資料の提供の内諾を得たので"機当に到る"と判断し，3月末国鉄設計事務所次長室に星氏を訪ね，つぶさに計画をお話しして「委員長」を快諾していただいたので，ここに百万の味方を得た勢いで，4月2日，星・卯之木・中川・瀬古・古山・江本の6氏に参集願い，第1回の編集打合会を開き，基本方針をまとめていただいたわけである．

　その後佐竹氏に加わっていただき，以来，11月15日の最終仕上げに至るまで12回の編集会議を開いたわけであるが，正直なところ最初は何から手をつけてよいか皆目見当がつかない暗中模索のようなものではなかったかと思う．したがって，滑り出しのテンポは遅く約3カ月を準備に費やし，7月2日第2回，7月30日第3回，8月13日第4回といずれも酷暑の日曜会議が続き，着々とアウトラインは固まりかけたので，8月20日は冷房のホテルの一室を借りて最終仕上げを予定していたところ，掘れば掘るほど未開の「客車界」の奥深く資料の蒐集思うに任せない実情に，一度ならず二度までも完成の前途に足踏状態が続いたが，ようやく8月27日，9月3日と2回の追い打ちがかけられて，10月2日のいわゆる「最終編集会議」で八分どおりの完成を見て，割付工程に入る段取にまで漕ぎつけたわけである．

　この間ももちろん編集会議だけで編集は進められたわけではなく，各委員分担の資料蒐集と解説はそれぞれ自宅に持ち帰って続けられ，なかでも中川・佐竹両氏の分担量は，前者は全般にわたり，また後者は写真資料の数において本職そこのけで狂奔していただいたことは，長く『日本の客車』編集史上に話題として残るだろう．

　一方その間，国鉄からは手持ち資料を根こそぎ提供願ったほか，交通博物館をはじめ，北は北海道から小熊・島崎両氏，関東では中村・宮松・高松氏，南は九州の谷口・奈良崎氏から，また新潟の瀬古氏などいずれも貴重な資料や助言をいただいたほか，汽車会社 高田・朝倉両氏から「門外不出」とまでいわれた古典資料を特別のご好意で入手できたことは，まさに千鈞の重みを加えていただいたことになり，委員一同雀躍したものである．

　また，巻末の「日本の客車90年略史」は星・卯之木両氏執筆にかかるもので，本稿だけで本書の内容は一段と充実したことは申すまでもない．

　仕上げてみると，編集委員としては別掲のように，意に満たぬ点も数々あるらしい．私も，編集委員の一人に加えていただいたが，実は編集上私が占めた役目はまことに微々たるもので，内容の整備・充実に各位の御褒詞がいただけるなら，それは私以外の星氏はじめ各委員に負うところまことに大きく，また，製版・印刷・装幀・製本技術の御意に満たぬ点あらば，それは全部私が負うと然るべきものと考えている．

『日本の客車』落穂集

鉄道ピクトリアル1962-2〜5(No.127・129〜131)

中川 浩一

はじめに

何事によらず，ものごとをまとめるということは，当人にとって非常によい勉強のチャンスになるものである．最初に私事になって恐縮だが，昨春，本誌の田中主幹から写真集『日本の客車』編纂に参加するようお勧めを受け，以来，資料の蒐集・整理を行ってきた過程は，元来は「客車」を主たる調査の対象としてこなかった私にとって，客車調査の技術と方法を吟味する絶好の機会であった．

その結果，数多くの新事実を見出し，さらにこれまで「客車ファン」といわれてきた人たちの調査の結果と方法についての疑義が生まれてきたのであるが，今回はその中からいくつかの問題を取出して，今後，客車を調査しようとする人の御参考に供してみよう．

木製客車の再吟味

1. 雑型客車覚書

(1) ルーペが語った新事実

客車の歴史，特に木製客車について調べようとするとき，比較的簡単に手に入りしかもある程度まとまった文献といえば，誰もが国鉄工作局編『車両の80年』(昭和27年)と，本誌に連載された瀬古龍雄氏の「木製客車通観」を思い浮かべるに違いない．後者についての批評はここでは省略するが，前者は刊行当時，客車の歴史に関する基本的な文献が皆無だったのと，収録された写真の中に，明治・大正年間に撮影された貴重なものがかなり含まれていることから，何とかして手に入れたいと願った人はかなり多かった．しかし800円という定価は，その当時としてはなかなか高価であったから(学生であった筆者には)，経済的にかなり重荷でもあった．

ところで，今回『日本の客車』の編纂に携わって，かつて『車両の80年』が編纂されたときに使われたものと同一の写真を手にしてみると，失礼な言い草ではあるけれど，その写真の選定・考証に今一歩の突込みがなされていてもよかったと思われる個処をかなり指摘することができた．

蒸気機関車の写真，それも明治時代のもので精度がかなり高いものを手にしたら，倍率の大きいルーペを使って銘板やその他，写真に写っている範囲の文字を解読してみるのが，蒸気機関車の歴史に興味を持つ者の基本的な態度であることは，今さら改めて解くまでもないが，『車両の80年』をはじめ，客車ファンと称する人たちの間では，こうした配慮が欠けていたように思われる．

ここで写真①を見ていただこう．この写真は『車両の80年』には，官設鉄道3等車の内部と説明されている．しかし，客室と出入台との仕切に取付けられている掲示の文字をルーペで解読してみると，明らかに「九州鉄道株式会社」の8字が浮き上がってくる．ということは，この写真は後年にホハ2200(昭和3年制定)となった官設鉄道の3等車ではなく，ホハ2350となった九州鉄道の3等車の内部を示したものになるわけで

写真① 九州鉄道の3等車内部
高松吉太郎コレクション

写真② 官設鉄道の1・2等合造車の2等車内部
高松吉太郎コレクション

ある．

　ルーペはこれ以外にも，新しい事実を次々と私に教えてくれた．写真②に見られる掲示の解読もその一例である．通路の上に掲げられた掲示には「此ノ列車ニハ左記区間ニ於テ食堂車ヲ連結ス　新橋　国府津間　沼津　馬場間　京都　神戸間」と示されていた．

　このような措置がとられた理由については，食堂車が連結されない区間の一つである国府津―沼津間が箱根越えの急勾配区間であり，今一つの馬場（現在線の膳所のやや大津寄り付近）―京都間も大正9（1920）年の路線へ変更が行われるまで，25‰の難関であったことを示せば充分であろう．

　このような措置が食堂車を連結した直通列車のすべてに実施されたかどうかは，この写真だけでは明らかでないが，思えばずいぶん面倒なことが，当時は行われていたものだと，改めて感心させられる．

　実例はいくつあげてもきりがないから，後1つだけで止めておこう．写真は省略するが『車両の80年』の139ページ上段の単車の3等車の内部写真も，同じく掲示から読み取った「久喜―北千住間」などの語句から，東武鉄道の最も古い客車群の1両である「は5」を示すものであることが判明している．これなども『車両の80年』ではただ「明治年間の3等車」と説明するほか，何も言及していないから，ルーペの果たした役割は大きいと言わなければなるまい．

　以上の事実から，今後，客車に限らず，古い写真や絵葉書・写真帖などを材料にして，車両の歴史を解こうとする人は，どうかルーペをお忘れなくという教訓

が後に残ったように私には思えたのである．

(2) 類推は最小限でやめて下さい

　書き連ねていくことが先人の業績の不備をつくばかりのようで，申し訳なく思うが，これからの調査の発展にとってやはり重要だと思うので，従来行われてきた客車調査法の欠陥をあえて指摘してみよう．

　記憶のよい方は，本誌№119で，川上幸義氏が日本鉄道の1・2等寝台食堂車について「2等室には食堂がくい込み半クロスシートである．食堂とはいうものの他のものと違って食卓もなく完全なものとはいえない」と述べておられたことを覚えておられるだろう．ところが，同じく№125で，今度は小熊米雄氏が，同じ車に対して明治42（1909）年度鉄道院年報の記載事項と日本鉄道の客車形式図（明治39年発行）から，川上氏の記述は同車の日本鉄道時代に関する限り誤りであることを指摘されている．

　このようなまちがった結果が導き出されたのは，方法論上での論理の飛躍が大きく原因していると筆者は考えている．これまで，国有以前の客車の状態を考える際の基本となってきたのは，明治44（1911）年に鉄道院が刊行した『客車略図』であった．川上氏が国有前の客車の記述の拠り所とされているのも，この『客車略図』に他ならない．そしてそこには，会社時代の客車は製造以来，買収されるまで改造・改番は全く行われなかったというきわめて大胆な仮説が存在している．しかし，会社時代に改造・改番がなかったと断定することはできないし，また鉄道国有法によって17の私設鉄道が買収されたのが明治39（1906）年・明治40（1907）年で，『客車略図』の刊行とは若干のずれがあり，この間に小熊氏によって指摘されているような改造も行われているのだから，『客車略図』がそのまま買収直前の客車の状態を示しているともいえないわけである．

　このように2つの重大な前提があることを無視して，簡単に結論を下したことは，これまでの客車調査法に大きな不備があったことを物語っている．

　同じことは，大型ボギー車，中型ボギー車を調査する場合にもあてはまるはずである．この際，多くの人

写真③　明治36（1903）年頃の日本鉄道の列車　　　　　　　　　　　　　　　　　高松吉太郎コレクション

が拠り所にする形式図は，鉄道省の『車両形式図　客車下巻』であるが，ここでは中型の展望車としては，わずかにオイネテ17000をあげるだけである．そのため，しばしば中型ボギー車の時代—明治43(1910)年〜大正9(1920)年—には，展望車は1両しかなかったように考えるのだが，実はこれも，中型ボギー車の製造が終了してから短いものでも7年あまりの歳月が流れていることを無視した結果に他ならない．

実際には，中型ボギーの展望車としては，明治45(1912)年にオテン9020，大正2(1913)年にオテン9025の2形式が製造され，オテン9020は，大型ボギーの展望車の竣工によって，荷物車に改造されていたのである．

このように，後年の資料を使い，しかも内容をよく吟味しないで勝手に結論を下すことは，非常に危険な方法であり，今後は決してこのような乱暴な調査法が採用されないことを願っている．

(3) 将を射るにはまず台枠を見よ

官設鉄道が明治30年代に使用していた番号体系については，川上氏が『新編日本鉄道史』の中で詳しく述べられている(本誌№102)が，明治20年代には，これとはかなり違った番号体系(少なくとも記号)が用いられていたことは，写真を検討すると直ちに判明する．

ここで写真④を検討してみよう．車体には「い三拾上等」の文字が見えるから，この車が上等車(後の1等車)であることは，一目瞭然である．ところがさらに注意深く写真を眺めると，台枠にA.30という記号番号が記載されている．これだけの事実を確認したならば，次の写真に目を移してみよう．写真⑤は原写真の欄外に2・3等車と書かれているが，被写体の車体には「は5」，台枠にはB.C.5の文字が見える．別の写真から，3等車の車体には「は」，2等車には「ろ」，そして台枠にはそれぞれ「C」「B」と記入されているから，3等＝C，2等＝Bであることも判明する．さらに違った写真から1・2等車が1等室部分の側板に「い」，2等室部分に「ろ」と記載し，さらにその後に番号を併記していることが判っているから，写真⑤の車両の左側の開いている扉の側板に「ろ五」とあることが容易に推測できる．

これと同種の手続きを繰り返してゆくと，手荷物緩急車には「D」(車体についているひらがなの記号は判読できなかった)，3等手荷物緩急車には「C.D.」の記号が使用されていたことも判明する．

これらの写真は，いずれも『日本鉄道紀要』(明治31

写真④　官設鉄道の上等車(A.30)　　　鉄道博物館所蔵

写真⑤　官設鉄道の中等・下等合造車(B.C.5)　鉄道博物館所蔵

年刊行)から複写したもので，また上等・下等などの呼び名が使われているから，ほぼ明治20年代の撮影と考えてよく，したがってこのときには明治30年代とは異なった記号の付け方が採用されていたと考えてよいだろう．特に明治30年代には，1・2等車に対して「ニ」，2・3等車に「ホ」を用いていたのに対し，車体には「い」と「ろ」，「ろ」と「は」が別々に記入されていたことが注目に値しよう．たとえば，台枠にはA.B.31と書かれている車では，車体には「い三一」「ろ三一」の2つの記号番号を記載していたのである．

ここまでは，パズルの解法そのままに進行し，また解法上にも誤りはないと信ずるが，さらに推論すると，この当時の車両の記号番号はおそらくアルファベットと数字の組み合わせだったのではなかろうかと考えられるのである．

2．単車は明治の遺物か？

客車ファンといわれる人たちの頭の中には，単車すなわちマッチ箱，製造はすべて明治時代と決め込む癖

写真⑥　津軽鉄道ハフ1（元武蔵野鉄道）　大日本軌道，大正3年製．
　　　　　　　　　　　　　　　　五所川原　1952.7　中川浩一

写真⑦　長岡鉄道ハフ7　天野工場，大正5年製．
　　　　　　　　　　　　　　　　西長岡　1956　高松吉太郎

写真⑧　鹿島参宮鉄道ハフ5（元ロハフ）　日車支店，大正13年製．日車支店は天野工場の後身．写真⑦と比較してほしい．
　　　　　　　　　　　　　　　　石岡　1958.4.7　中川浩一

写真⑨　茨城交通湊線ハ6　車体は丸山車輛，台枠は服部製作所，大正14年製．
　　　　　　　　　　　　　　　　那珂湊　1958.2.9　中川浩一

があるように思われる．一例をあげると，本誌№88のグラフページに「明治の残影」と題して，地方鉄道の単車の写真が8枚掲げられている．

　「明治の残影」という標題を，撮影者がつけられたのか，あるいは編集者が気をまわしてつけたのかは知らないが，残念なことに私の知る範囲でもこの中には「明治の残影」ならぬ「大正の残影（？）」が少なくとも2両は確実に含まれている．

　これを具体的に述べてみると，東野鉄道ハ1は大正7（1918）年の梅鉢工場製，常総筑波鉄道ハフ74は元神中鉄道の所属で，大正15（1926）年の汽車会社東京支店製である．この他，例をあげればきりがないが，地方鉄道には大正年間に製造された単車が数え切れないほど実在している．にも関わらず，多くの客車ファンと称する人たちが「単車は明治」と勝手に決め込んでいることは単車に興味を持っている筆者には実に残念でならない．

　ところで，通常「マッチ箱」といわれている側面に5つの出入口があり，車幅いっぱいに通路を挟んで1組の横型腰掛が取付けられている単車と比べると，大正年間に各軽便鉄道（後に地方鉄道）が購入—あえてこう

いう—した単車は，明らかに異質なものである．

　明治年間には，自社工場で客車を新製した私設鉄道は決して少なくなかった．またそれぞれが製造する客車の形態には個性が滲み出ている場合が多かった．ところが，大正年間に製造された客車，特に単車の場合はどうだろうか．

　明治年間の場合には，官設鉄道の単車を九州鉄道や関西鉄道のものとまちがえる人はないだろう（写真は『日本の客車』で比較していただきたい）．参宮鉄道・北越鉄道といったところも強烈な個性を持っている．これに対して，大正年間に製造された単車の写真を見て，その所属を的確に判定できる人が果たしてどれだけあるだろうか．試みに写真⑥〜⑨を見ていただこう．この4枚の写真からそれぞれの鉄道の個性が窺えるだろうか．さらに注意していただきたいことは，これらがそれぞれ異なった製造所の製品であるという事実である．また，同一製造所の手になる同系車が多くの鉄道に実在していることを指摘しておく必要もあるだろう．一例をあげれば，日本車輌東京支店（前身は天野工場）製の鹿島参宮鉄道ハフ5・6と同じ系列に属する単車には，筆者に知る範囲だけをあげても，茨城交通

— 8 —

写真⑩　常総筑波鉄道ハフ74（元神中鉄道）　汽車会社東京支店，大正15年製．
真鍋　1951.11.3　伊藤　昭

茨城線ハフ201・202，長岡鉄道ハ9～11，山形鉄道高畠線ハフ1・2，五日市鉄道などがあり，車長はこれより長いが東野鉄道ハ10～12も形は非常に似通っている．また日本車輛（本店）の製品を加えるならば，富士身延鉄道にも同型の単車が供与されていた．

このように考えてくると，大正年間の単車は明治年間のオーダーメイドに比して，そのほとんどがレディメイドであることが窺えよう．これは大正年間の私鉄の多くが，明治年間の私設鉄道に比較して規模が小さく，自社工場はおろか，設計能力のある技術者を欠き，各車両工場がどこでも通用するように設計製作した仕掛品を適当に購入したことの反映であると筆者は考えている．

また，仕掛品を安直に買い込むような中小私鉄であるから，ボギー車でなく単車で結構ものの役に立ったのであろう．

大正年間にも単車が製造されたのは，この時代の軽便鉄道（地方鉄道）の実情を考えれば当然の結果である．にも関わらず，単車を勝手に明治に遺物と決め込むのは認識不足というべきだろう．

最後にもう一つの事実にふれておこう．大正年間の私鉄の客車の形態には，院（省）基本型ボギー車の影響が年とともに強く表れてくることである．これはボギー車に特に著しいが，単車の場合にも，汽車会社東京支店製造の車両がその好例であり，写真⑩と同系車が，北丹鉄道・南薩鉄道などにも実在していたことを付加えておきたい．

地方鉄道のボギー客車の究明

前章の記述の中で，地方鉄道の単車には規格形のできあい品が目立つことを述べたついでに，今一つの傾向として，鉄道院（省）基本型客車の設計が，地方鉄道の客車の形態決定に大きな影響を与えていることにふれておいたので，この問題をきっかけにして，地方鉄道のボギー客車の系列について，若干の説明を加えてみよう．

1．規格形客車の先駆（？）省型木製客車

10000番代の番号を持つ国鉄客車（いわゆる中型）の形式や番号に興味を持っておられる方の中には，そのすべてが鉄道省（院）の手で製造されたのではなく，中には元来は地方鉄道用として製造されたのだが，たまたま所属する鉄道が買収されたため，やむなく（？）省番号を名乗った事実があるのに気づかれた方があるだろう．

もっとも，買収された地方鉄道のボギー客車のすべてが，10000番代の形式番号を与えられたわけではない．雑型に類別されたものもあるし，また間違って（理由は後でふれる）大型に編入された場合も実在する．ところで，雑型となった車を調べてみると，それは文字どおり雑型であって，一定の傾向をつかむことは不可能である．しかし，中型編入車では，旧所属の鉄道は違っているのに，客車同士は非常によく似ているため，一旦省番号がついてしまうと，前身を判別することができなくなる場合が少なくない．試みにナハフ14052（写真⑪）の外形を見て，これをホハ12228（形式：

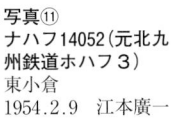

写真⑪
ナハフ14052（元北九州鉄道ホハフ3）
東小倉
1954.2.9　江本廣一

写真⑫
ホハ12228 明治43年から大正6年にかけて製造された中形ボギー・3等車の標準形。一部には買収車を編入したものも含まれる（写真⑱）．
　新潟客貨車区
　　1954.12.19　瀬古龍雄

写真⑬　ホハ12228の標記　車号の上に局標記を大書きしているのは他の客貨車区から車両が戻らないことがあったため大書きしているもの．「ニシ」は西吉田支区を示す（後に越後・弥彦線管理所となり，記号も「エチ」となる）．　瀬古龍雄

ホハ12000形，写真⑫）やナハ12500形と比較し，前所有者が北九州鉄道（つまり被買収の地方鉄道）だと判別できる人がどれだけあるだろうか．

買収によってナハフ14050形となった北九州鉄道のホハフ1～6は，もともと中型客車に非常に類似した客車である．しかし，一見「省客車」と見えるボギー客車は北九州鉄道だけにあったのではない．そこで今度は写真⑭を見ていただくことにしよう．

2つの写真を比較すると，その形態があまりにも類似しているのに驚かされる．またそれだけに，所属鉄道をいいあてることも難しいはずである．ついでに写真⑮の弘南鉄道と写真⑯に示した常総筑波ホハフ401も見ておいていただこう．2段上昇式に改造されているホハフ401の窓を下降式に復元したならば，これらがナハフ14052と全く異なった環境にあった車両といいあてることは困難であろう．

このように，地方鉄道の木製ボギー客車を調べていくと，そこには省の中型客車と外形が非常に似通った車両が存在することと，またそれがいくつもの地方鉄道で，それぞれ異なった車歴を持ちながら使用されていたことを指摘することができるのである．そしてこれらを，地方鉄道の「省型木製客車」と名づけ，かつ分類しても，不当の誹りを受けることは，まずないのではなかろうか．

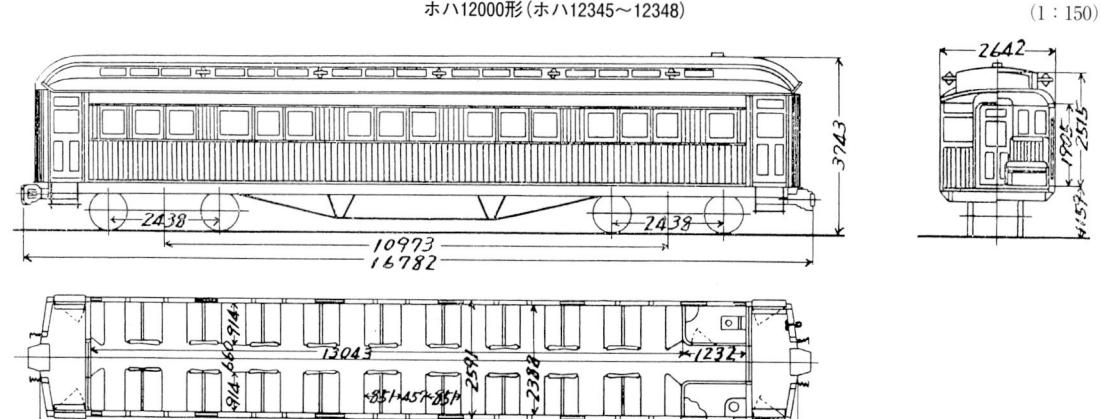

ホハ12000形（ホハ12345～12348）　　（1：150）

写真⑭　南薩鉄道ホハフ59形62　日車，昭和4年製．　　加世田　1950.11.1　江本廣一

写真⑮　弘南鉄道ホハ1＋ホハフ1　梅鉢，昭和2年製．　　弘前　1952.7　中川浩一

だが詳しく見ていくと，「省型木製客車」は中型客車と同型ではない．またその製造時期は中型客車の製造が中止され，新しく大型客車が出現した大正9(1920)年以降に（筆者の知る範囲では）限られている．

では「省型木製客車」はどの点で中型客車と異なっているのだろうか．最初にこの問題を究明してみよう．

ここでもう一度，写真⑪のナハフ14052と写真⑫のホハ12228を比較してみよう．ここで気づくことは，ナハフ14052では側板に対して台枠がずっと張り出しているのに対し，ホハ12228では台枠(UF11)が側板よりずっと内側に引っ込んでいるという事実である．だが両車とも車体幅は2,591mmであるから，結局ナハフ14025の方が台枠の幅が広いことになる．

ところが，中型客車の中でも大正7(1918)年～大正9(1920)年に製造されたもの（たとえばナハ12500形，ナハフ14500形）は側板に対して台枠(UF12)が著しく張り出している．とすると「省型木製客車」は，上に述べたUF12台枠付きの中型客車と同型ではないのかという疑問が当然起こってくるだろう．

そこで今度は台車を見ていただくことにしよう．オハフ14052の台車の車軸は明らかに短軸であり，外観上からそれが側梁が球山形鋼である45年式台車の後期形（本誌No.54　瀬古氏の記事参照）であることが判っていただけたことと思う．しかし，UF12付きの中型客車の台車はTR11であって，45年式ではない．だから「省型木製客車」は，中型車と全く同じ系列に属すわけではないことになる．

次に「省型木製客車」の製造時期を調べてみよう．筆者の知る範囲では，製造が最も早いのは東武鉄道ホハ8～16（大正9年・大正10年，汽支）であり，最後に製造されたのが，南薩鉄道ホハフ59～62（日車，昭和4年）となっている．これらを省客車に当てはめると，大型客車（大正9年度から製造）と魚腹台枠付き鋼製客車の時期に相当している．

では，なぜこのように地方鉄道の「省型木製客車」が省客車より流行遅れ(?)で製造されたのであろうか．最初の答えは，地方鉄道法の建設規程に求めることができよう．私設鉄道法・軽便鉄道法に代わって，大正8(1919)年4月9日に，法律第52号といういかめしい肩書をつけて誕生した地方鉄道法には，同年8月13日に閣令第11号として定められた地方鉄道法建設規程が付随していたが，その36条に「車両定規ハ車輪ヲ除クノ外，第3号及第4号図面ニ依ルヘシ」という制限が設けられている．し

地方鉄道車両定規(1435mm，1067mm軌間用)

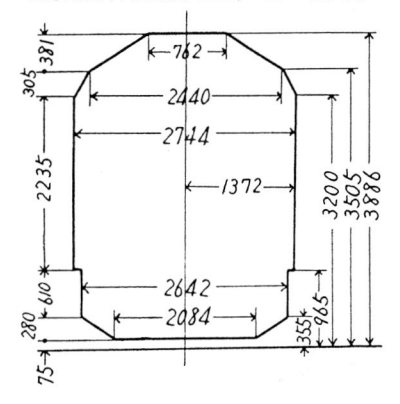

— 11 —

表-1　　　　　省形木製客車一覧表(総数84両)

鉄道名	番　号	製造年月	製造所	備　考
東武鉄道	ホハ 8～16	大正9年10月	汽支	ナハ系
〃	ホロハ3～7	大正10年4月	〃	ナロハ系 (2×3·3×3·1)
飯山鉄道	フホハ1・2	大正10年7月	日支	3×5
東武鉄道	ホロハ8・9	大正10年	？	ナロハ系 (2×3·3×3·1)
〃	ホロハ10～12	大正10年	日車	〃
飯山鉄道	フホハ3・4	大正11年7月	日支	3×5
豊川鉄道	ホハ1・2	大正11年12月	日車	ナハ系
〃	ホロハ1・2	〃	〃	ナロハ系 (2×2·1·3×3·1)
鳳来寺鉄道	ホロハ2両		日車	〃
東武鉄道	ホハ20～26	大正12年6月	日車	ナハ系
〃	ホハ27～34	大正12年8月	汽支	〃
飯山鉄道	フホハ5～7	大正12年11月	日支	3×5
越後鉄道	ホロハ	大正12年	新潟	ナロハ系 (3×3·1·3×3)
〃	ホハ 12両	大正14年	新潟	
〃	ホロハ		日車	
常総鉄道	ホハフ501・502	大正14年	汽支	ナハ系
〃	ホロハフ401			
北九州鉄道	ホハフ1～3	大正15年6月	日車	ナハ系
〃	ホハ10～12	〃	〃	〃
北海道鉄道	ホロハ1～3	大正15年6月	日支	ナロハ系 (2×3·1·1·3×2·1)
〃	フホハ1～4	〃	〃	ナハ系
成田鉄道	ホロハ1～3	大正15年7月	汽支	ナロハ系 (1·3×2·1·1·3×2)
〃	ホハ1～3	〃	〃	ナハ系
〃	ホハニ1・2	〃	〃	ナハニ系
夕張鉄道	ナハ50・51	昭和15年9月	梅鉢	ナハ系
弘南鉄道	ホロハフ1・2	昭和2年7月	梅鉢	ナハ系
〃	ホハ1			
北海道拓殖鉄道	ホロハ1・2	昭和3年	汽支	〃
南薩鉄道	ホハフ59～62	昭和4年	日車	ナハ系

(注)　総数は筆者の調査しえたもので，これ以上製造しなかったというのではない．
　　　備考の( )内は窓配列である．

たがって，地方鉄道法によって鉄道を建設しようとすれば，この車両定規をはみ出す車両を作ることはできなくなる．そしてこの定規は，当時の省客車(中型客車)が使用していた「鉄道建設規程」(明治33年8月　逓信省令第35号)をほとんどそのまま流用したものであった．

鉄道省の場合には，大正9(1920)年に新たに大型車両限界を定め，限界を拡大して車幅・車高の双方を増大させることができたのだが，地方鉄道法建設規程の方は長らくそのままに放置されていたことが，地方鉄道の車両が寸法上で鉄道省の車両に比して見劣りする原因の一つともなったのである．つまり，製造しうる車両の最大幅を2,744mm以内と抑えた19世紀の化物である「鉄道建設規程」が，「省型木製客車」の車幅が最大幅2,905mmに達する大型客車並みになることを妨害したといってよいだろう．またこの車両定規が長らく改正されなかったことが，関西を中心にして1435mm軌間の高速電気鉄道(地方鉄道法で建設)がついに省客(電)車以上の大型車両を作り得なかった有力な原因ともなっているのである．

以上，だいぶ長ったらしくなってしまったが，なぜ「省型木製客車」が大型客車に比して貧弱でなければならなかったのかが判っていただけたことと思う．また，台車が45年式であって，TR11でないかについては，TR11が1435mm軌間への改築問題の遺産であり，これに対して「省型木製客車」が出現した時期は，改築が中止と決定した大正7(1918)年以降の製造であることが関連しているに違いない．さらに省で鋼製車が製造されていた昭和2(1927)年～昭和4(1929)年度になお「省型木製客車」が弘南鉄道ホハ1・ホロハフ1・2(昭和2年・昭和6年，梅鉢)，北海道拓殖鉄道ホロハ1・2(昭和3年，汽支)，南薩鉄道ホハフ59～62として竣工していたのは，当時の鋼製客車の重量が過大で，機関車の牽引定数が小さい地方鉄道には重荷であったろうということを考えてみればよい．

ここまで考えてくれば，「省型木製客車」の中で買収後に大型に編入された車両は，誤った手続きによったものだと説明したことが判っていただけたはずである．具体例は，ナ

写真⑯　常総筑波鉄道ホハフ401(元ホロハフ401)　　　　　　　取手　1956.2.12　中川浩一

— 12 —

エ27000・27001となった豊川鉄道ホロハ1・2（途中の経歴は省略）であるが，この2両は法制上からいっても大型車とはなり得ないし，現車の最大幅は2,730mmで，明らかに中型並みであった．また，その台枠はUF12系，台車が45年式であることは，本誌No.62で瀬古龍雄氏が述べられている．

ではどうしてこのような「省型木製客車」がかなり広範囲に分布しているのだろうか．答えは，前章の大正年代の単車の形態が類型化されている場合が多いことに対する説明と同じ発想に基づいている．つまり大正年代の地方鉄道と国有鉄道の間には，比較にならぬほど大きな差がついてしまい，国有鉄道の優位が確定したことと，一方，地方鉄道の多くがその規模・能力からオーダーメイドからレディメイドの製品に走ったことによると考えられる．

「省型木製客車」の分布範囲は，筆者の知る限りでも，表-1のようにかなり広範囲にわたっているが，その形態は概ねナハフ14052に見られるような，UF12系・45年式台車である．これを主に窓割から細分すると，ナハ系，ナハフ系，ナハニ系に分類できる．

ナハ系はナハ12500形に類似の外観であるが，実際には2・3等車（たとえば常総鉄道ホロハフ401）や3等緩急車（北九州ホハフ1～3，南薩ホハフ59～62）が含まれている．ナロハ系はナハ系の1・3×5という規則的な窓配列に対して，2等室・3等室の窓がアンバランス（たとえば，豊川鉄道ホロハ1・2　1・3×3・1・2×2）で，省客車に例を求めることはできない．一方，ナハニ系はナハニ15807～15837（たとえば成田鉄道ホハニ1・2）と外形が似通っている．

ナハ系については写真⑪⑫から，その細部をかなり検討することができる．ナロハ系は『日本の客車』の中の（写真番号178）を，ナハニ系については写真⑰を参照していただきたい．

もちろん「省型木製客車」ホハ12000～12007，ナロハ11401～11404については，本誌No.56で述べられているが，外観が中型客車に類似しているにも関わらず車長は約18mで1mほど長く，また妻板はナックルがついていない平妻

写真⑰　東武鉄道サハ206（元成田鉄道ホハニ1）　汽車会社，大正15年製．
西新井　1950　中川浩一

であったし，台枠もUF11系の幅の狭いものであった．ホハ・ナロハともに外形は同じで中央に便所・手洗所を設け，その両側に客室を配置するという構造であったことも，注目に値しよう（写真⑱）．

一方，飯山鉄道のフホハ1～7（大正10年～大正12年，日支）は台枠はUF12系だが，車長が1mほど短く，さらに台車の軸距が6'-6"（1,982mm）で45年式台車より1'-4"も短いという特色があった．また，妻板のナックルに関していうと，東武鉄道の省型木製客車も平妻で，ここに手ブレーキがあったことは，本誌No.116で青木栄一氏が述べておられるとおりである．

前章の単車の解説のところで，大正年代には規格化が目立つということを述べたが，その傾向は「省型木製客車」において特に著しい．さらにこれらは，越後鉄道用を除くと，他は製造所による差違がほとんどなく，日車・日支・汽支・梅鉢のどれをとっても，同一の形態を備えている．

写真⑱　ホハ12000　ホハ12000形は初番から12007は越後鉄道買収車．中央に便所があり，平妻という特徴があった．
新潟　1954.4　瀬古龍雄

— 13 —

写真⑲　長岡鉄道ホハ32　天野工場，大正4年製．　西長岡　1954.11　瀬古龍雄

写真⑳
長岡鉄道ホハ32の台車
（天野型）
　　　1954.11　瀬古龍雄

写真㉑　サハ26006（元富士身延鉄道）　天野工場，大正6年製．
富士電車区　1951.1.14　伊藤　昭

かに存在する「省型鋼製客車」を数えあげると，オハ31（見方によればオハ30系）の美唄鉄道ナハフ1～3（昭和10年7月，日支）と，三菱大夕張ナハ1（昭和12年7月，日支）と，スハ32の17m型の産業セメント鉄道オハフ1（昭和7年12月，田中）を指摘するに留まってしまう．戦後のものについては別に機会を見てまとめることにしたい．

2. 天野型客車と岡部型客車

　分布範囲は「省型木製客車」ほど広くはないが，日本車輌東京支店の前身である天野工場が製造した天野型客車も，レディメイド型として注目に値する内容を持っているし，また分布は九州地区に極限するが，岡部型客車は，次章に述べる「電車型客車」と関連して取り上げる必要がある車両である．

　天野型ボギー客車の製造年代は，「省型木製客車」の出現前であり，筆者の知る範囲では，東武鉄道・富士身延鉄道・長岡鉄道で使用されているが，車長・車種の相違に関わらず，車体工作と台車には共通した特色が認められる．浅い二重屋根と細長い窓・狭い窓柱の他，台車は作業局基本型台車をがっちりさせたような「天野型台車」となっている．

　このような現象は，後年，私鉄経営者協会が行った車両製造規格に伴う自主統制の産物とは全く別個のもので，そこに積極的な意図が働いたということは，今のところは認めることができない．しかし，前にも説明したオーダーメイド型からレディメイド型への転化の中で，しかも省型客車を手本にして登場したところに，同好者側から見れば，おもしろさがあるといってよかろう．

　「省型木製客車」がこのようにかなりの数に達するのに，「省型鋼製客車」ともいうべき車両がほとんどないのもおもしろい現象である．しかし，これはその登場しうる時期がちょうど昭和初期の不況であって，それまで蒸気動力を主体にしていた地方鉄道の関心が気動車化に集中していたことから説明しうるだろう．わず

　また，全体から受ける印象は，前章で説明した「日車支店型単車」のボギー車化を思わせる．しかも，製造年代がいずれも大正10（1921）年以前であることは，これが地方鉄道用ボギー車の標準が，「省型木製客車」に変化する過程を示していると考える手がかりにもなるだろう．

　福岡市に工場があった岡部鉄工所の標準型である岡部型客車については，充分な分析を行うだけの資料を筆者は持ち合わせていない．しかし，扉が省型では開戸であるのに対して，戸袋を設けた引戸であり，また出入台より妻板寄りに便所を設けた点で，明治30年代の日本鉄道の客車（すべてではない）やナハ10系の軽量客車の中継的な存在として眺めてみると，興味深いものがあろう．

— 14 —

3. 変革期の産物「電車型客車」

民営鉄道の歴史を調べてゆくと，そこには過去3度に及ぶ興隆期が存在したという事実が発見される[1]．このことは，会社数，営業粁程の変遷を調査することによって容易に確かめうるが，車両の歴史を調査する場合には，この時期には単に両数の増加があっただけでなく，質的な変化がもたらされたことを知る必要があるように思われる．

明治20年代の前半に起こった第1回の「私設鉄道ブーム」は山陽鉄道・九州鉄道という今日の幹線網の母体となった私設鉄道を生み出したが，それは車両についていうならば，イギリス流の工作技術に頼ってきた官設鉄道の区分室型客車の他に，九州鉄道の両端開放出入台式の太鼓型客車[2]に代表される貫通式の単車が出現した時期でもあった．

第2回の「私設鉄道ブーム」は，日清戦争後の好況に刺激されて起こったが，それに伴う会社数の著しい増加は，従来の私設鉄道条例(明治20年5月公布)を私設鉄道法(明治33年3月制定)に改編させたばかりでなく，既設の鉄道では路線の延長，新設鉄道では競争線的性格を持つ路線の開業をもたらし，長距離運転，高速運転の必要上からボギー客車の採用を本格化させたのである．

ところで，第1回，第2回の私設鉄道ブームに出現した車両には官設鉄道に対抗して，独自の技術を誇るだけの実績が備わっているのに対し，第一次大戦後から昭和初期にかけて存在した第3回のブームでは，その内容は全く異なったものであった．それは，このブームが第一次大戦による企業熱の他に，国有鉄道の培養線として私設鉄道を発達させようとした軽便鉄道法(明治44年3月公布)―後の同補助法―の施行によって損失補償の裏付けを得て，初めて開業の見通しのついた弱小鉄道の相次ぐ誕生によって支えられていたことを思えば，当然の結果でもあった．

前々章，前章にそれぞれ述べてきた規格形単車，省型木製客車の購入は，すでに述べたとおり，独自の技術を持ち合わせない中小私鉄が行った必然的な行動であったわけであるが，これと並んで忘れてはならないことは当座はさしあたり客車として使用し，やがては電車に改装して使用しようとする「電車型客車」がいくつかの地方鉄道で相次いで製造されたという事実がある．

第3回の私設鉄道ブームは，電気鉄道誕生の時代でもあったが，その背景となったのは，6大都市付近の電車運転を主体とした鉄道の好成績で，それが企業家に「電鉄経営は儲かるもの」という印象を与えたのである．

こうして，従来，蒸機による運転を行ってきた鉄道が，動力を電気に変更する「電化」を織り込みながら，日本各地に，多くの電気鉄道が出現したのであった．

ところで，「電化」を実現させた鉄道(中には上野鉄道，遠州軌道―後に鉄道―のように，$2'-6''$から$3'-6''$に改軌して電化したものがある)では，多くの場合，電車を新製したのであるが，中には電化を想定して容易に電車化しうる客車を事前に新製する場合があった．このような環境の中に生まれた客車が，純粋な意味での「電車型客車」であるが，これはさらに経歴を辿ることによって，当初の目的どおり電車化されたものと，こと志と違って客車としてその生涯を終わったものに分けることができる．

だが，「電車型客車」と俗称されるものの中には，まだこの他に，電化する目的は持っていなかったが，外観が電車に類似しているためにそう呼ばれているものが含まれているが，これらについては本稿では，仮に「準電車型客車」の名称で別個に説明することにしたい．

(1) 電車型客車

前にも述べたとおり，電車型客車は電化を想定して製造されたのであるが，その事情を詳しく分析すると，二通りに分けられる．

一つは，電化工事の進行に確固とした見通しを持っていたが，その完成前に客車として使用する必要に迫

写真㉒　東武鉄道クハ230(元ホハ59)　わが国最初の全鋼製客車の後身．
池袋　1950.1.6　中川浩一

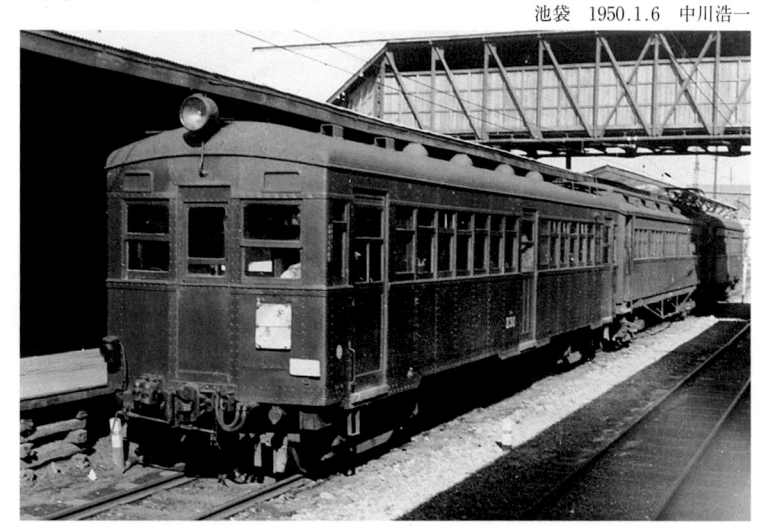

― 15 ―

写真㉓　クハ1003（元青梅電気鉄道デハ3）　　　　青梅　1945.11.19　沢柳健一

られ，取り敢えず客車として竣工させたうえ，わずかの使用期間を経た後，電車（これが本来の使用目的）に改造したもので，東武鉄道ホハ51〜60（大正15年，日支，汽車，日車），青梅鉄道〔デハ1〜3〕（大正10年6月，梅鉢），河東鉄道フホハ1〜4，フホロハ1・2（大正11年5月，日支），同フホロハ3（大正12年4月，日支）がこれに相当している．

　これらは，それぞれ別個の系列に属した車両で，青梅・河東は木製車，東武は鋼製車である．特記すべき事項としては，東武ホハ59・60が全鋼製の車体を備えていたことで，客車としての使用期間はごくわずかだった[3]とはいえ，わが国最初の全鋼製客車であった．

　東武鉄道に属した10両は，デハ11〜16，19・20，クハ7・8に改造後も原形をよく留め，昭和23(1948)年に3両（デハ11〜13）が長野鉄道に譲渡され，図らずも同じ電車型客車出身のモハニ11・12（河東フホロハ1・2），クハ51・52（河東フホロハ3・4），モハ21・22（河東フホロハ3，フホハ5）と対面することになった．しかし，河東出身の6両は製造当初の二重屋根から丸屋根に改造されたうえ，クハ51・52，モハ21・22の側面窓配置は原形を留めないほど徹底的な改造を加えられていた点で，東武出身の3両（長野モハ131〜133）とは全く対照的であった．

　青梅鉄道の3両は，デハ1〜3に改造後，引き続き同線で使用され，昭和8(1933)年6月には側板を鋼板張りに改造してモハ1001〜1003となり，さらに1002・1003はクハ化（昭和18年6月）されてしまった．昭和19(1944)年4月の青梅電気鉄道の国鉄への編入に際しては，3両とも買収の対象となっ

たが，昭和20(1945)年8月には残る1001もクハ化されている[4]．

　その後，1002・1003は昭和20(1945)年・昭和21(1946)年に休車となり，昭和24(1949)年に廃車処分を受けたが，客車代用として五日市線に配置された1001[5]は，昭和25(1950)年に松任工で工作車に改造（『日本の客車』写真番号453）のうえ，ナヤ6581（昭和29年改番でナヤ2651）の番号を与えられ，再び客車の車籍を獲得することとなったのである．

　このように，東武・河東・青梅の電車型客車がいずれも数奇な運命を辿っていることは，偶然とはいえ，興味のあることである．

　電車型客車のもう一つのグループは，佐久鉄道ホハ21〜23，ホハ31〜33，41・42（ともに大正14年5月，日支）のように，電化に関する直接的な着工計画は持ち合わせなかったが，いずれも電化を実現させることを狙って手回しよく電車に改造可能の客車として製造されたものである．

　佐久鉄道の車両史はいずれ小林宇一郎氏が発表されるはずであるが，前期の8両にはすべて電車化のための準備工事が抜かりなく行われていた．特に（『日本の客車』写真番号183）の車両は後年に至るまで，パンタグラフ取付金具を残していたため，同鉄道電化の計画が単なる机上プランではなかったことを教えてくれたのである．

　佐久鉄道竣工図表によると，ホハ21〜23は一端に10人分の座席を有する別室を備え，側面の窓配置が異なっていただけでなく，台車も45年式を一回り小型にした形のもので，電化後に制御車として使用する手筈

写真㉔　ホエ7060（元佐久鉄道ホハ21）　クロハとしての使用が考えられていた．
富山客貨車区　瀬古龍雄

が整っていたと解せられる車両であった．

小湊鉄道ホハ1・2，ホハ11・12，ホロハ1・2（ともに大正14年1月，汽支），筑波鉄道ナハフ101〜105，ホロハ201〜204（ともに大正14年〜昭和2年，日支）は製造の経過に確たる証拠があるわけではないが，筆者はこのグループに属すべき客車であると考えている．特にこれらの客車の台車がBaldwin R系のメインフレームに釣合梁を配した電車用台車（本誌・№87参照）とTR14（DT10）であること，また小湊から中国鉄道に譲渡（昭和4年3月認可，ホハ1〜6）された客車の竣工図表にパンタグラフ取付台と考えられるものが描かれていたことから，そこに電車化への意慾が介在していたのではなかろうかと推測されるのである．

小湊鉄道の6両は，中国鉄道の国鉄編入に際し買収の対象となり，佐久鉄道から買収の電車型客車ホハ2480〜2487の後を受けて，ホハ2488〜2493の番号を与えられ，ついに電車となるチャンスがないまま消滅してしまったが，筑波鉄道の9両の辿った運命は，非常におもしろいものであった．

筑波鉄道の電化が実現しなかったのが，昭和初期の不況に基づくものか，あるいは柿岡の地磁気観測所への影響を考えたものであるかは知り得ないが，戦後，国鉄から譲受けた気動車の整備によって同線の列車の気動車化が完成するまで，引き続いて客車として使用された（『日本の客車』写真番号184）のはわずかに3両（ナハフ103〜105）で，残り6両は阪和電気鉄道（昭和13年）と三河鉄道（譲受年未詳）でさしたる改造を加えることなく電車化されたのは，不思議な取り合わせというほかない．中でもナロハ203が電動車化されて，最近まで名古屋鉄道モ1091として使用されていたこと[6]と，阪和クタ801〜804（筑波ナハフ102，ナロハ201・202・204）を経て南海鉄道本線に転じたもののうち，1両分の台車が，南海電気鉄道の紀勢西線直通用客車サハ4801（昭和27年，帝車）に転用されたことは，先に記した客車→電車→客車のナヤ2651にも比すべき事例ではなかろうか．

（2） 準電車型客車

このグループに属する車両の分類は，それほど厳密なものではないし，形態が「電車に似ている」とはいっても，電車の形態それ自身に確たる決まりがあるわけでもない．それ故，以下取りあげる客車は，見方によっては「電車に似ているとは思えない」場合があるかもしれないが，そんな変型車もあったのだという軽い気持ちでお読みいただけたらと思う．

準電車型客車を語る場合，まず最初に取りあげる必要があるのは，相模鉄道ホ1〜4（大正15年6月，汽支）である．これは，当初，相模川系の砂利輸送を主目的としていた同鉄道が，厚木への路線延長を控えて増備した半鋼製客車であり，その形態（写真㉕㉖）は当時の地方鉄道用の電車そのものであり，台車もBaldwin A系の釣合梁付きであった．内部には48人分の吊手を配した長手腰掛がついていたのも異色ある存在であろう．

これらは相模鉄道の国鉄編入に際し，ナハ2380〜2383の番号をつけられて，依然として相模線で使用された後[7]事業用車に改造されたが，ナヤ2660・2661となって鶴見—新鶴見操車場間の職員通勤用となったホ3・4には，推進運転時に機関士の前方警戒用に充てるため，一端に運転台（？）を設け，屋根には前照灯が取り付けられていた．それは，もし蒸機（昭和30年4月にはC50）が連結されていなかったら，誰しも制御車と見誤る外観であった．しかし，一歩中に足を踏み

↑写真㉕
ナエ2701（元相模鉄道ホ1形）
八王子
1954.4.11　中川浩一

←写真㉖
ナヤ2660（元相模鉄道ホ1形）内部　新鶴見操車場−鶴見間の職員通勤輸送で使用中．
1956.1.5　中川浩一

写真㉗ 常総筑波鉄道ホハフ551 昭和29年には気動車となりキハ40086となる.
取手 1951.11.4 伊藤 昭

入れると,機関士は緊急事態に際して車掌弁を扱うだけで,通常の制動操作は蒸機の運転台で扱われるという特異なものだったのである.

相模鉄道は,昭和18(1943)年に至ってさらにこれも電車風のオハ11(『日本の客車』写真番号335)を汽支で製造している.これも後にナハ2380形に編入したが,2384の番号を経て,ナヤ6565,ナエ2702となった後も宇都宮機関区の一角にその姿を留めていた.

相模オハ11が出てきたついでに,その形態に類似点の多い常総筑波鉄道ホハフ551(昭和18年9月,日本鉄道自動車)を紹介しておくのもあながち無駄なことではないだろう.一端に電車の運転台風の車掌室を配し,TR23系の軸ばね式台車を持つなど,この2つの客車の間には共通点が少なくなかった(相違点としては,オハ11が2扉で,E1D9E2の窓配置であるのに対し,ホハフ551が3扉で,E1D4D4D2で,ウィンドシル,ヘッダー,裾回りにリベットがある)が,ホハフ551の方は,現在は同じ会社のキハ40086となり,中央扉を埋めて,オハ11にいっそう似た形となって活躍しているのを見出すことができる.

準電車型客車として,以上の他にまだ茨城交通湊線ナハニフ21・22(昭和4年,日支),三井三池ホハ201~205(昭和23年2月,日車),宮崎交通ホハ301・302(昭和26年6月帝車)をあげることができる.特に三井三池ホハ201~205は当時量産されていたサハ78形を模して作られたのが興味を引く点であろう.

これに対して飯山鉄道フホハ21~23(昭和3年7月,日支)を「準電車型客車」に含めるとなると,あるいは異議を唱える人が出ないとも限らない(『日本の客車』写真番号334).側出入口より妻板寄りに窓があり,その点では相模ホ1~4に似通っているとはいうものの,妻板には貫通路が設けられているだけだから,見方によってはこれは前章で述べた岡部型客車の変型といえないこともないように思われる.が,それに対する判断は,読者の方に任せることにして,筆者はこの文の結末をつけることにしよう.「準電車型客車」の範囲を広くとるにしても,狭くとるにしても,それらが等しく半鋼製客車であることは,偶然とはいいながら,おもしろい現象ではなかろうか.

〔付記〕 外観が電車に似ているという限りでは,戦後数年間4等車などと悪口をいわれながら,各地を走り回った戦災復旧客車も,前項(2)の部類に属するように思われる.しかし,外観はともあれ,それらが登場した経緯は,今ここで述べてきた「電車型」「準電車型」とは全く異なった環境の下で起こったことであった.

1) 日本国有鉄道:『鉄道80年のあゆみ』(昭和27年) 118・119ページによる.
2) 太鼓型客車の典型は御料車旧2号(『日本の客車』写真番号190)である.なお,九州鉄道の単車についての一般的解説は,本誌№69谷口・奈良崎「九州地方私鉄車両一覧」を参照されたい.

写真㉘
三井三池専用鉄道ホハ203 サハ78形を模している.
万田機関区
1955.3.27 青木栄一

写真㉙ オハ7094　　　　　　　　　　　　　小牛田　1954.4.28　伊藤 昭

3) 本誌No.115青木・花上「東武鉄道の電車」による.
4) 本誌No.23沢柳健一「買収国電を探る　青梅線」による.
5) 車歴簿上では，モハ1001とナヤ6581の間にナハ2331の番号が存在することになっている．しかし，筆者の五日市線での実見と改造直後の現車調査ではナハ2331と標記された事実は認められなかった.
6) 本誌No.65渡辺肇「名古屋鉄道」には記載があるが，No.120「名古屋鉄道(補遺)」の表からは削除されている.
7) 筆者は昭和25(1950)年11月にナハ2382が相模線列車に組み込まれて使用されているのを見かけている.

70系3等客車とその製造事情

今からちょうど10年前のことである．東北地方鉄道めぐりに出かけて5日目に，念願の津軽鉄道(本州最北の地方鉄道)訪問を果たして帰途に着いたとき，五所川原から乗車した五能線913レは，68620の牽く中型ボギー7両(うち2両は内部を長手腰掛付きにした通勤用)と鋼製車1両という，今にして考えるとまことに凄まじいものであった．

ところでこのとき，筆者が乗車した客車は手帖を見るとナハユニ15748と記入されている．なぜ鋼製車に乗らなかったかというと，これが何とオハ7090だったからである．

形式の中に70番代の数字を含む国鉄客車というと，誰しもが「戦災復旧客車」と答えるだろう．そして，20歳代以上の同好者の中には，その少し長く座っていると尻が痛くなるうらぶれた板の長手腰掛や，国鉄客車にあるまじき(?)吊手が醸し出す情けない内部の空気を思い出す方も必ずあることだろう．

乗客の心理からいえば，70系の3等客車が最も好ましからざる客車(木製車以上に!)であったことは，列車事情がまだ悪かった昭和24(1949)年秋の東海道・山陽線の通勤列車(930レ上郡－大阪間)においてですら，その一員であったオハ7139が「クロスシートの乗客が混んでも(乗客は)この車には乗らない．座席が少なく

板張りである」[8]という批評を加えられている事実によっても明らかである．

ところで，筆者が昭和27(1952)年に五能線で見かけたオハ70は，その当時でさえすでに珍しい存在であった．なぜなら戦災復旧の3等車の荷物車への改造はすでに昭和25(1950)年度から行われていたし，オハ70・71などの番号を持つものでも，写真㉚で見られたように =オハ(荷物車代用)として使用される場合が少なくなかったからである．にも関わらず筆者が乗車を敬遠したのは，もちろん先にあげた乗客の一般的心理に基づいて行動したからに他ならない．

ところで，昭和28(1953)年度以降，3等車の座を追われた(オハニ71を除く)70系3等客車についてのまとまった解説が果たしてどれほどあるだろうか．筆者の知る限りでは，「戦災客車復旧概要」，「或る列車」(今村潔)，「70系客車のいろいろ」(江浪秀雄)[9]の3編しかない．だが，前2つはあまりにも概括的であり，後者はいわゆるナンバーマニアの立場から見た解説であり，またその記述は戦災復旧客車としての改造工事施行年(昭和25年以降)後に偏っている．

70系客車についての解説が，このように少ない理由の一つは，その内容があまりにも複雑怪奇で"八幡のやぶしらず"的であったところによるが，実際には，このような粗製な車両が当時の同好者の興味を引かなかったこと，さらに寺田貞夫氏によって提唱された台枠調査[10]が実行に移されるまでは，70系3等客車がナ

写真㉚　荷物車代用のオハ70101の標記　1950.5.13　伊藤 昭

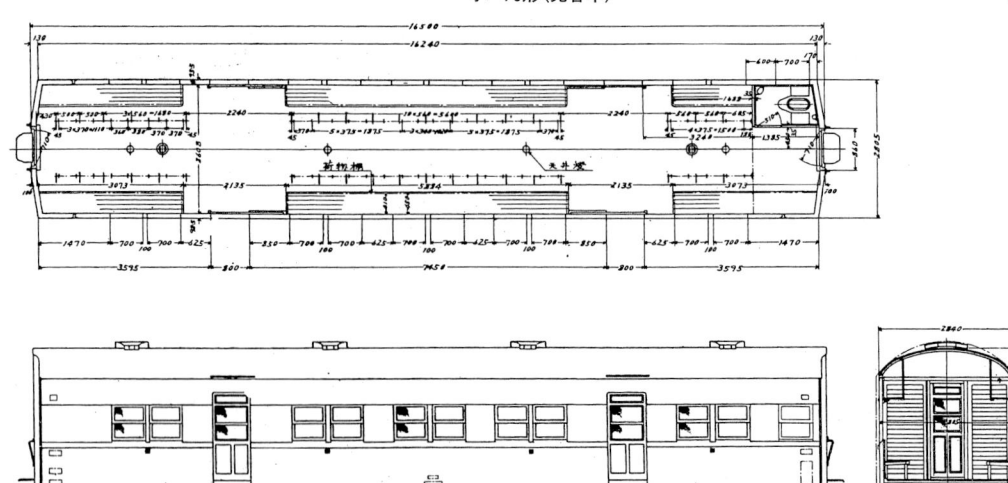

オハ70形（元客車） (1:150)

（1） 70系3等客車の誕生とその経過

　70系3等客車が「客車の戦災と駐留軍の車両徴用のために生じた異常な輸送混雑の応急策」として出現したことはよく知られている事実であるが，ではその異常な輸送混雑なるものがいかなる内容を持っていたかについての解説は，これまで具体的になされてこなかった．しかし，それがなされなければ，客車復旧のオハ71の標準型の場合に「窓は全部で21個（扉の部分を除く）で戸錠はなく，電灯は裸電球で天井板がなくて屋根板や垂木が露出し，板張りの長手腰掛・荷物棚の前に代用材料の吊手がつく」（『日本の客車』写真番号357）という粗末な客車が急造されなければならなかった事情を，本当に理解することはできないのではなかろうか．

　ところで，戦災による客車の破壊がまだなかった昭和18(1943)年度末の国鉄客車の両数は11,464両[12]であった．これに対して，戦災その他による廃車処分が一応終わった昭和21(1946)年度末の両数は11,160両（昭和20年度末は11,028両）となっていた．ただ，以上の数字だけでは，戦後に起こった深刻な客車不足を説明することは不可能である．そこでもう一歩突込んで検討を加えてみよう．

　昭和21(1946)年度末の11,160両と昭和18(1943)年度末の11,464両の間には，差引304両の不足という計算の他に，戦災その他による廃車処分に基づく減少と，一方，これを補うために行われた新製による補充が介在している．しかし，戦災による客車の破壊が短期間に起こったのに対し，新製車の出場は昭和20(1945)年12月の3両が最初であったから，事態は数字の示すものよりずっと深刻なものであった．

　戦災による廃車処分は，昭和20(1945)年度546両，昭和21(1946)年度230両に留まったが，実際には客車の戦災による被害は2,228両（全焼大破1,019両，半焼中破355両，小破854両）に達していたし，故障による長期休車と検修による使用不能車（合わせると1,405両―昭和21年8月）もあったから，営業用に使用しうる客車の実数は非常に少なかったものである．そのうえ，昭和20(1945)年9月から始まった駐留軍による客車の専用指定は，昭和21(1946)年10月末には1,009両に及んでいた．

　このような状態であったから，客車の在籍数だけは各年度10,000両を超えていたけれど，一般用としての使用可能両数はわずか7,669（昭和21年9月末）にすぎなかったのである．しかもこのなけなしの車両の中から復旧引揚列車用として，さらに300両近い客車を割かなければならない状態だった．電車列車などはもちろんなかったし，気動車は頼りにならないのだから，この数字の示す内容がいかに厳しいも

表-2　　　　昭和20・21年度の新製客車落成両数表

	4月	5月	6月	7月	8月	9月	10月	11月	12月	1月	2月	3月
昭和20年度	0	0	0	0	0	0	0	0	3	5	8	29
昭和21年度	32	30	29	19	26	19	36	35	31	30	35	45

「交通年鑑」22年，23～24年による

オハ70形(元電車)　　　　　　　　　　　　(1:150)

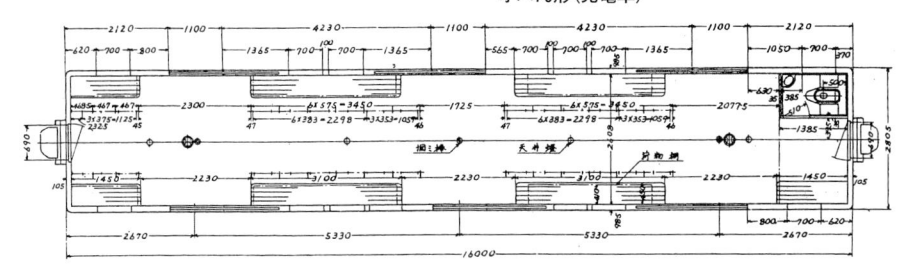

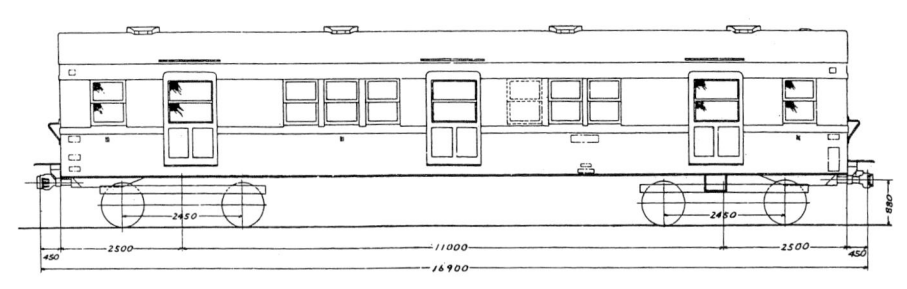

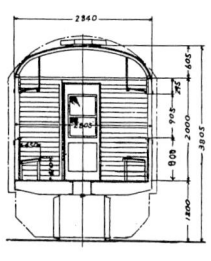

のであったかは，想像の域を超えていよう．

絶対数の著しい不足を補う安直な方法は，貨車の転用である．また実際にこの方法はしばしば採用され，昭和21(1946)年9月末には1,680両(使用可能客車4.6両につき1両)の多数にのぼっていた．

しかし，貨車の客車代用はどの点から考えても望ましいことではない．

危機突破の最善の策は，もちろん客車の新製であった．だが，敗戦後の混乱から立ち直っていない産業界では資材と労力の著しい不足に加えて，技術の極端な低下が存在していた．

こうした焦眉の急に応じるためには，従来採用されていた方法ではとても間に合うものではない．そこで考えられたのが，戦災によって破壊された客車・電車の台車・鋼体を再用し，限られた資材と労力でも新製しうる「戦災復旧客車」の採用だったのである．

戦災復旧客車は，第一陣が昭和21(1946)年12月に東京駅構内に展示されて以来，昭和21(1946)年～昭和25(1950)年度にかけて376両が竣工したのだが[13]，これに直接関係した会社・工機部は20余に達し，その中には敗戦によって陸に上がったカッパ同然の造船所や航空機製造工場などからの転換工場が含まれていたのも，特異な現象であった．転換工場の中には，その後次第に実績を向上させ，車両製造工場としての地位を確立したもの(たとえば，富士重工業宇都宮製作所)もあるが，事態の正常化に伴って旧態に復した(たとえば東洋レーヨン・日本鋼管鶴見造船所)ものが少なくなかったのはおもしろい現象である．

(2) 70系3等客車とその復旧方針

70系3等客車は先に述べたように応急の使用に供するのが目的であったから，その内容は概して非常に粗末であり，特に，旅客収容力の増大，資材・労力の節約を主眼としたため，次に示すような思い切った設計が原則として採用されていたのが著しい特色である．

① 乗降の敏速を図るため，側出入口を片側3カ所に設ける．

写真㉛　オハユニ7120　　　　　小山　1958　中川浩一

↑写真㉜
オハ7043
オハ31の鋼体が利用されたオハ70形の異端車.
星　晃所蔵

→写真㉝
オハ70形の内部
星　晃所蔵

② 旅客収容力の増大のため,腰掛は木製の長手式とし,別に立席用吊手を設ける.
③ 布地類を節約するため天井のベニヤ板張りを行わず,屋根板一重張りとし,天井灯はグローブなしとする.
④ 床下水槽を止めて小型のものを天井に設け,洗面所設備は省略した.

表-3　70系3等車両数表

年度末	23	25	27	28	29
オハ70	115	79			
オハ71	155	109	38		
オハ77	29	29	29		
オハフ71	2	2	2		
(参 考)					
スユ71	15	2	2		
オユニ70		5	5	5	5
オニ70	8	8	8	8	7
スニ71	17	18	18	18	18
マニ72		25	25	25	25
マニ77	6	5	5	5	5
スヤ71		1	1	1	1

(注1) 資料は昭和23年度末以外は工作局:客車両数表による(23年度末は今村潔氏による)
(注2) オニ70の1両減は廃車,スニ71の1両増(マニ77の1両減)は台車振替に伴う形式変更による
(注3) マニ77は昭和28年度にマニ78と形式が変更されている(達第225号)

⑤ 暖房装置は設けない.

このような思い切った措置のため,普通鋼の使用量は2.5tで普通車に比べ19.5t節約,普通木材は10.5m³で1.5m³減となっただけでなく,定員は25人を増して113人,自重は5t余り減じて約26tという結果を生じることになった(ただしオハ71の標準型の場合)のである.

ところで,70系客車は戦災車の台車・鋼体を再用することを根本方針としていたが,その方法は現車の状態,復旧担当工場の技師・設備によって非常にまちまちであった.それは大別すると,鋼体の歪み直しを行う場合,鋼体全部を解体し,各部品ごとにするのと,解体せずにそのままの状態で施工する場合の2つであり,鋼製客車形式図(昭和26年)に示された形態は前者に相当していた.

70系3扉客車の中で,戦災客電車の台車・鋼体を直接使用して竣工したものは,オハ70・71,オハフ71,オハ77の4形式300両で,これは70系客車総数の約8割にあたっている.

これに対して昭和21(1946)年～昭和23(1948)年度中に竣工した70系客車(前記4形式の他にスユ71,オニ70,スニ71,マニ77)を対象にして改造工事が実施された昭和25(1950)年度以降に出現したのはオハユニ71(写真㉛)のみで,両数も20両に留まり,また内部設備はなるべく鋼体化客車に近づけようとする試みがなされていたから,これは粗製乱造という共通点を持つ70系3等客車の枠外に置くことにしよう.

オハ70:701～70114

鋼製客車形式図では,客車の鋼体を利用するものは,妻面は切妻だがナックル付きである.車長17m,側面の出入口(幅800mm)は2カ所であるのに対し,電車の鋼体の場合には妻面は平面形の切妻で車長16.9m,側面の出入口(幅1,100mm)も3カ所となっている.しかし,実際には異端車が決して少なくなかった.

形式図に示された形態の車両は,鋼体全部を解体して工事を施行したもので,側面は電気溶接によって組み立てられていたが,破損した鋼体にただ歪み直しを加えただけの場合には,旧態依然とした外観やリベッ

オハ71形(元電車)   (1:150)

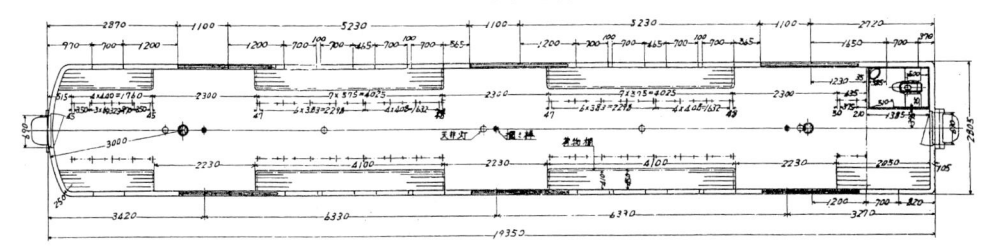

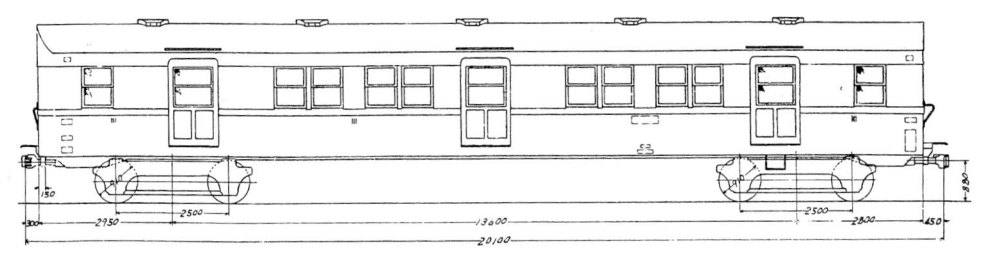

トがそのまま引継がれている．その顕著な事例の一つが，写真㉜のオハ7043であり，オハ31の鋼体が利用されていることは，一見して明らかである．この車はまた側面に出入口を2カ所新設しただけでなく，オハ31当時の出入口もそのまま残っているという非常に珍しい存在でもあった．

一方，鋼体全部を解体した車の中にも異端車は含まれている．『日本の客車』(写真番号355)と写真㉝のオハ70内部の写真からも判るように，日立製作所笠戸工場での竣工車の中には，客車の鋼体を利用しながら出入口(幅800mm)は3カ所となっている場合があった．また，これらの車両の中には出場当時の番号が誤って記載(オハ70705)されるという珍事さえ付け加わっていたのである．

オハ71：711～71133，71501～71522

鋼製客車形式図では，オハ70と同じく，客車の鋼体を利用した場合と，電車の鋼体を利用した場合の2葉が示されている．しかし，異端車が存在していたことは，オハ70と同様であった．

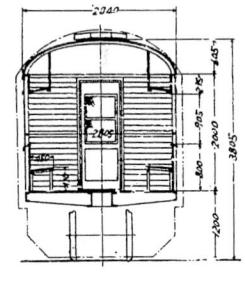

客車鋼体利用車の外観はオハ70のそれに準じたもので，出入口(幅800mm)が3カ所となり，窓配置は当然変更されているが，基本的な構造には変化は見られない．これに対して電車鋼体利用車では，出入口(幅1,100mm)の数は同じであったが，妻は一端が切妻の平面形(便所側)であるのに，もう一方(電車当時の運転台)はR＝3,000mmの円弧を描く丸形となっていた．

以上2つの標準型に対する異端車の中で最も特異な事例は日車で竣工したオハ71501～71522であろう．このグループは，オハ7043に相当するもので，側面に新設の出入台2つを設けたほか，両端には従来からの出入口を残しており，番号も特に71500番代が指定されていた．外観は出入口が新設されたとはいえ，被災前

→写真㉞
スニ7550 オハ70標準形の改造車．
新潟客貨車区
　　　　瀬古龍雄

— 23 —

写真㉟ オハ7714　　　　　　　　　　　　　　　尾久客車区　1952.12.6　伊藤　昭

の形式（スハ32，オハ35など）の面影をよく残していたし，また1950（昭和25）年度以降，70系3等客車が荷物車や郵便荷物合造車に格下げ改造されたときにも，オハユニ71への改造を指定され，70系3等車の面影を伝えることになったのである．

この他，『日本の客車』（写真番号360）のように電車（クハ55）の面影をほとんどそのまま留めている車もあった．

オハフ71：711・712

この形式は両数もわずか2両で，鋼製客車形式図では掲載を省略されているが，現車は昭和28（1953）年度まで残存していた．しかし末期には荷物車代用となっていたことは，『日本の客車』（写真番号359）で見られたとおりである．外観は電車そのものであり，運転台跡がそのまま車掌台に流用されたのもおもしろい現象であった．

オハ77：771～7730[14]　（オハ78：781～7829）

オハフ71同様，鋼製客車形式図では省略されているが標準型の車体はオハ71の客車鋼体利用車と同様であった．標準型については写真㉟を参照していただきたい（台車は当然3軸ボギー）．ここにも異端車が存在したことは『日本の客車』（写真番号356）で明らかである．

70系3等客車は（1）項でもふれたように，応急の用に充てるために取り敢えず竣工させたものであったから，車両事情が好転すれば，3等車の座を去らなければならなかったのは，当然の結果であった．

しかし幸いなことに，当時は荷物車の不足が甚だしく，駐留軍用としての指定を解除されたワキ改造の軍用車（軍務車，部隊料理車）を荷物車に改造（ナニ6330）するありさまであったから，70系3等客車はここに安住の地を見出すことができたのであった．

こうして生まれたのが，スニ73・75（オハ70改造），マニ74・76（オハ71改造），オユニ71（オハ71改造），スユニ72（オハ71，オハフ71改造），スユニ78（オハ78改造）であり，オハユニ71（オハ71改造）もこの改造工事によって生まれた新形式である．

それぞれの形式の年度末の両数については表-3を見ていただきたい．最もこれらの中で，3等車の形式のままで荷物車になっていたものがあることは，先に示したオハフ71の例や写真㉚の"オハ70101（昭和25年5月13日撮影）"からも明らかであろう．

　　　　＊　　　＊　　　＊

以上の解説は，ナンバーマニアの目から見ればきわめて不充分なものであることは，筆者自身よく承知している．また，それぞれの形式内の形態の分類も概括的に行われているだけである．車両の形態分類については，筆者も少なからぬ興味を持っているが，それに深入りすることは今回はあえて避けるようにした．"鹿追う猟師は山を見ず"の例えのように，末端に走って本来の目標である70系3等車が客車の発達史上に占める地位を見失うことを恐れたからである．

　　　　　　　　　　　　　（東京教育大学付属中・高校教諭）

8) 今村潔「或る列車」CLUB CAR No.38, 1949-12による．
9) 「戦災復旧客車概要」は，運輸省の公式発表記事で，そのリプリントはROMANCE CAR No.3, 1947-5に掲載されている．「70系客車のいろいろ」は本誌No.88を参照されたい．
10) 台枠調査法については「70系客車のいろいろ」の中に解説があるが，これを車両調査に最初に応用したレポートは寺田貞夫氏の「クハ17035という電車」ROMANCE CAR No.21-12である．
11) 一口にナンバーマニアといっても，帳簿や現車から調査車両の前番号についての記号を見つけることを主たる研究対象にするだけでは，車両調査者としては前近代的な存在だが，江浪氏の場合には台枠調査による実証という近代的手法が採用されている．しかし，その最終目標はやはり前番号の探求だから，流線形ナンバーマニアといった方がよいかもしれない．
12) 以下数値はすべて「交通年鑑」昭和22(1947)年版による．昭和19(1944)年度末両数(11,541両)をとらなかったのは，この中には被災して使用不能であるにも関わらず廃車処分されていないものが，多く含まれているためである．
13) 昭和24(1949)年度落成車は1両（スヤ71），昭和25(1950)年度落成車は30両（オユニ70，マニ72）にすぎず，特に昭和25(1950)年度落成車は念入りに工事が行われ，新製車に準ずる設計だったから，戦災復旧客車の製造は実際的には昭和21(1946)年～昭和23(1948)年度だったといえよう．
14) 鋼製客車形式図目録（昭和26年）による．オハ77は，昭和28(1953)年4月8日，達第225号による車両称号規程改正によってオハ78となり，番号は欠番(7724)を詰めて最終番号が7829となった．